緑の
ランドスケープ
Landscape Design
デザイン 改訂2版

── 正しい植栽計画に基づく景観設計

山﨑 誠子［著］

Ohmsha

読者の方々へ

　日本では造園学というランドスケープに通じる分野が古くからあるが、1980年代以降、街づくり等を含む都市計画、建築、土木、環境が取り扱う範囲を横断するようなカテゴリーとしてランドスケープデザインという言葉が認識されるようになった。1990年代以降は環境保全等の生態系を意識したデザインが重要視され、2000年代以降は、大震災や少子高齢化、地方で進む過疎化等の影響から、地域と人を結ぶデザインが求められるようになり、ランドスケープデザインに必要とされる機能が広がってきている。

　本書は、実際に建築計画や都市計画について、環境や景観・景色をどのようにランドスケープデザインを取り入れたらよいか、日本でランドスケープデザインをすることはどういうことなのかを理解できる内容とした。たとえば、街を作るとき、あるいは図書館を作るとき、道路を設置するとき等、設計する対象に応じて考えなければならないことがわかるように比較的平易な言葉でランドスケープデザインについて理解できるようにできる限り具体例を挙げて説明した。

　私は建築学科を卒業後、造園学科で樹木の勉強をし、その後ランドスケープのデザイン事務所で様々な現場を体験したあと、ランドスケープデザインの事務所を設立した。また、同時にランドスケープデザインの授業を20年以上も続けている。一緒に仕事をする人は常に建築関係の方で、ランドスケープを実践する場面では建築との共同作業が非常に多い。仕事や学校で建築関係の人によく質問されること、ランドスケープデザインをはじめるにあたって建築関係の人がどこから知っておけばいいのか、進めていく上で注意することは何か、これまでの経験上蓄積されたことが本書のベースになっている。今までのランドスケープ関係の書籍は、ランドスケープの概念、ランドスケープの広がり等をステップごとにどう考えたらいいのかという視点を基本にしているものが多い。本書では、建物がない白紙の空間のとらえ方、調査分析の方法、緑地や通路を設置する際の植物の選定と導入等、ランドスケープデザインを実践的に計画できる構成になっている。ランドスケープを学びたいとき、設計

の各場面に応じたランドスケープの考え方を探りたいときに役立てていただければ幸いである。

2013 年に初版を出版し、大学の授業で活用してきたが、8 年を経てデータの更新や、新たに加えたい部分、修正したい部分も出てきたため、改訂 2 版として発行することとなった。卒業生から、授業で使ったあと、職場でも使っているという話をきくと、当初の目的が達成できたと思う。

最後に出版にあたり、長期間関わっていただいたオーム社のみなさん、資料の収集やイラストの作成を手伝ってくれた GA のスタッフ、日本大学理工学部関係者に深く感謝します。

2021 年7月

山﨑　誠子

Contents 目次

Chapter **5**　植栽計画

Chapter **6**　緑のランドスケープデザインの展開

Chapter 1

ランドスケープの範囲

　建築デザインは建築とそれに付随する施設をデザインすることであり、土木デザインは造成、交通用地に関するデザインというのが一般的に認識され、明治時代以降、大学や専門学校等で研究が進められ今日に至っている。これらに比べ、ランドスケープデザインの歴史はまだ浅い。ただ、「ランドスケープ」といえば新しい感じがするが、言い方を変えて「作庭、造園、街づくり」とすると建築と同じように従来から行われてきた分野と変わらずなじみ深いものがあるだろう。

　本章ではランドスケープで扱う範囲について整理する。

1-1 坪庭から地域計画まで

1-1-1 ランドスケープと自然風景

　ランドスケープは英語では Landscape といい、風景、景色を意味する。ただ単に風景といえば自然の風景をそのままに、何も細工しないことを指す。ランドスケープデザインというと、風景・景色のデザイン・計画という意味になる。図 1-1 の写真では富士山の雄大な姿を撮影した自然の風景だが、図 1-2 の箱根公園のように富士山を背景として植栽地や通路広場を設置し視点の場を設けた場合、富士山はこの公園を作るときのデザインのきっかけとなり、重要なランドスケープデザインの要素となる。

図 1-1　風景としての富士山

図 1-2　ランドスケープデザインの
要素としての富士山
(恩賜箱根公園パンフレットより)

図 1-3　富良野のジャガイモ畑

　見方によれば、ランドスケープデザインは、あえて意識的に作ったものではない風景でもデザイン対象になる場合がある。図 1-3 は北海道富良野のジャガイモ畑で、人が食するために広い原生林を開墾して作り上げた空間だ。庭園のように鑑賞を意識して作られたものではないが、人が生活のために作り上げた畑が、北海道らしい景色として写真や映像で頻繁に使われ、その景色に共感する人々は多い。この風景を維持しようとする人もいることだろう。

　自然ではないが、自然を生かし、人が作った景色によって人々が共感できる美しい風景を作ることがランドスケープデザインである。美しいという概念は多数の賛同を得る場合と、個人的な志向の場合があるためはっきりと論じられるものではないが、害を発生したり、環境を脅かしたり、壊したりするものはランドスケープデザインとはいえない。

　ランドスケープデザインと風景の違いは、人の意図や人の手が存在することである。人が屋外空間をデザイン、アレンジ、計画することがランドスケープデザインである。ここで屋外が重要なキーワードとなる。屋外の反対語は屋内であるが、屋外と屋内をデザインするときに大きく違うことは、屋外のデザインでは常に自然環境が隣合せにあり、一年を通して一定の状態がないことである。このことがランドスケープデザインの特徴で、難しいところでもありかつ面白いところでもある。国や地域により多少の差はあるが、ランドスケープの要素は地上や上空にある気候・気象、土・地質・地形、水、植物であり、これらを生かしてデザインし、それをまた人が利用、観賞するものである。

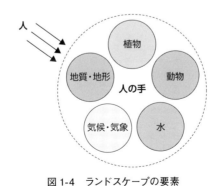

図 1-4　ランドスケープの要素

1-1-2　マクロの視点とミクロの視点

　ランドスケープの範囲は、単に屋外ととらえた場合、水平面の広がりではわずかな草だまりや水たまりから大地や海洋まで、垂直面の広がりでは、虫がつくった小さな穴から山頂までにもおよぶ。ランドスケープで扱える範囲はあくまで人が常時あるいは適宜関われるところまでである。つまり、人が関わることができるところは、ランドスケープとなりうる。

　ミクロの視点とは言い過ぎかもしれないが、実際のランドスケープの例では、小さな空間の代表的なものとしては坪庭といわれる中庭のランドスケープがある。京都市内の古い町屋に見られる坪庭は観賞だけでなく、屋外と屋内を巧みにつなぐ環境装置となっている。京都はよく知られているように周囲を山で囲まれた盆地地形で、夏は風があまり吹かないためにひどく暑く、冬は底冷えするほど寒い。電気やガスがない時代での寒さへの対処法は、衣類を重ねたり、開口部を厚く閉ざすことだったが、暑さ対策においてはやりすごす術がないといえる。そこで、風を起こすなど、涼しく感じられる工夫がされた。町屋には坪庭が2つあり、かたや日が当たり、かたや日陰になるようにすることで2つの空間に温度差が生まれ、気流が起こるようになっており、坪庭に面した部屋の開口部は簾戸（すど）のように風を通すようになっている。

図 1-5　マクロの視点
コスタリカの海岸の写真、手前は自然緑地、奥には畑や庭園が見える
自然の緑と水路、人がつくった畑と水路のつながりをみることができる

図 1-6　ミクロの視点
蝶が訪れる花を少し植えることで小さな生き物の空間を作ることができる

　マクロの視点では大地の芸術祭越後妻有アートトリエンナーレが代表的である。新潟県十日町市と津南町を含む760km^{2}におよぶ広範囲にアートをちりばめ、アートとその周辺環境、アートを通じて生まれる人々の交流を含め妻有全体がランドスケープとなっている。

図1-7　夏の京都町屋の坪庭

図1-8　越後妻有アートトリエンナーレ（2009）

5

1-1-3　ランドスケープデザインと造園

　数十年前までランドスケープデザインという言葉は日本では一般的ではなかった。それまでは造園といって、主に公園や個人の庭園をデザインすることが今でいうランドスケープデザインの領域としてとらえられていた。1964 年に開催された東京オリンピックでは、建築家が建物や広場を計画しており、緑地の設計は施工を担当する造園職人が行うといった状態で、ランドスケープデザイン事務所はまだ存在していなかった。街を作るときは都市計画家や土木家が土地利用を決めて、道路や宅地等の線を引き、建築家が建物を計画し、あまったところを緑地や公園にすることを決めてやっと造園家が投入されるということが多かった。街の機能や用途、産業、交通だけで街を作ることは地域性や環境が無視される場合が多い。開発という名の下に急いで街を作る量の時代から、環境や地域との共生をはかり質を問う時代となった現在において、ランドスケープは重要な要素となっている。建物、緑地、道路等を大きく俯瞰する視点と、小さな水の流れや生物が息づくわずかな空間までも考慮する視点、マクロとミクロの視点をもつことがランドスケープデザインに求められている。

図 1-9　駒沢オリンピック公園の総合運動場
芦原義信氏の設計で周囲の広場も担当

1-2 | ランドスケープデザインをする手順

　デザイン範囲がマクロからミクロにまで及ぶランドスケープだが、デザインを進める手順はマクロもミクロも変わらない。デザインの対象がはっきりすれば図 1-10 のようになる。これは建築や、インテリア、プロダクト等のデザインとそれほど変わらないが、ランドスケープデザインは、屋外であり環境が日々変化すること、また新たに何かを加えるとその周辺環境にインパクトを与えることになるため、デザインをする以上に 2 章で述べる基礎調査を十分に行う必要がある。また、完成したあとも植物は成長し続け、舗装、ストリートファニチャ等の屋外施設は日々の環境変化により劣化することから、管理も重要な検討事項となる。

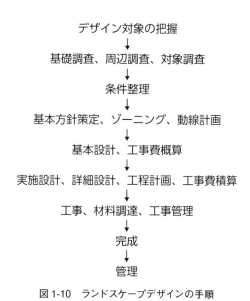

デザイン対象の把握
↓
基礎調査、周辺調査、対象調査
↓
条件整理
↓
基本方針策定、ゾーニング、動線計画
↓
基本設計、工事費概算
↓
実施設計、詳細設計、工程計画、工事費積算
↓
工事、材料調達、工事管理
↓
完成
↓
管理

図 1-10　ランドスケープデザインの手順

1-3 デザインを取り巻く様々な環境の把握

　1-2 節ではデザイン対象の把握を挙げたが、本節では以下の 4 つの環境の把握について述べる。

- 自然環境の把握
- 人工環境の把握
- 工事環境の把握
- 管理環境の把握

　特に自然環境は地域ごとに差があるため、その地域ごとに新しい課題が生じることを注意しなければならない。

1-3-1 自然環境の把握

　日本は温帯に属し、南北に長く、海に囲まれており、地形の変化も様々である。それに伴い寒暖の差、乾湿の差、降雪の差、日照時間の差が生まれ、それぞれの地域、地区で環境条件が変わるため導入できる植物が異なることから、これらに応じたランドスケープが生まれるのである。そのため導入できる植物が違う。例えば、札幌と東京、那覇は表 1-1 のように年間降水量、平均気温、最低、最高気温に違いがある。

表 1-1　主な都市の気象データ（2011-2020 年）

都市名	年間降水量〔mm〕	年間平均気温〔℃〕	平均最高気温〔℃〕	平均最低気温〔℃〕	年間日照時間〔時間〕
札幌	1187.7	9.5	13.4	6.0	1807.9
仙台	1261.4	13.2	17.4	9.6	1963.2
東京	1637.2	16.5	20.7	12.9	2008.4
大阪	1460.0	17.2	21.4	13.6	2151.7
福岡	1822.9	17.5	21.6	14.2	1937.7
那覇	2279.9	23.5	26.1	21.3	1720.7

※出典：気象庁データ：平年値は 1981~2010 年の 30 年間の観測値の平均をもとに算出

世界遺産で有名になった鹿児島県屋久島は日本国内でも有数な年間降水量で（2020年は4837.5mm）、かつ台風の襲来も多く、降雨をどのように排水計画していくかが問題になり、地盤レベルの設定、造成勾配、排水計画、舗装材の選択に大きく影響を与える。

　豪雪地帯で有名な新潟県長岡では、過去10年の雪深さ460.7cmともなる冬季の積雪に対し、工作物（たとえば藤棚）形態や、降雪の処理空間の確保が重要となる。

図 1-11　屋久島環境共生住宅の外構写真

図 1-12　道路の除雪作業（福島県）

　沖縄地域は台風の通過が多いことから降水に加え、暴風雨対策も必要である。また、強い日差しを避ける空間を演出することも必須となる。

図 1-13　台風で折れたヤシ

1-3-2 人工環境の把握

● 高温化

　コンクリートやガラス主体の建築物や、アスファルト舗装、コンクリート製の橋梁等は夏期の日射で高温化し、自動車、エアコン等の電気製品からは稼働するたびに熱が発生する。そのため、東京等の都市部では、温暖化が進み、特に夜間の気温が下がらなくなったため、暑さを好むシマナンヨウスギやコバノランタナのような亜熱帯植物が導入可能となった。

　通常使われている街路樹でも、局所的に深夜営業する飲食店のそばでは冬期の落葉が遅くなったり、夏期にアスファルトやコンクリート舗装が高温になることで、街路樹の葉が焼かれた状態になり落葉したりすることがある。

図 1-14　シマナンヨウスギ

図 1-15　コバノランタナ

図 1-16　夏の暑さでウドン粉病と葉焼けを
　　　　 起こしたハナミズキ

● 不自然な送風

　高層建築物が建てば、その隙間ではビル風が起こり、一年中強い風が吹く
ゾーンができる。また、高層建築物が隙間を空けずに立ち並ぶと、風を閉ざし、
背後は無風状態になる。汐留地区では海風が入りにくくなり、夏季に気温が上
昇したと伝えられている。

図 1-17　汐留シオサイトの屏風状に立ち並ぶ高層ビル

1-3-3 　工事環境の把握

　デザインが決定し工事を行う際に、狭い道路や急こう配の道路等へのアク
セス環境がどうであるか、施工機械等の運用に必要な電気、水道設備の有
無について、建築や土木でも問題になることが多いが、特にランドスケープで
はまだ開発されていない自然林や自然公園内に工作物を設置する場合がある
ため、その環境をどの程度圧迫しないで工事をすることができるか、事前に
把握する必要がある。

　エコツーリズムの発祥地で環境先進国のコスタリカでは、森林内の生物の
研究をするための建物を設置する場合は、素材を生かし加工や材料をあまり
必要としない小屋タイプにし、造成等が伴う道路をなるべく新たに設置しない
ように、ヘリコプター等で空輸する形で資材を運び、搬入することで自然環境
にインパクトを与えないようにしている。

　このような視点から、電力については遠隔地の電力拠点から送電線を設置
しながら引き込むタイプではなく、小規模な装置で単体で電気を起こすこと

11

ができる自然エネルギーの利用等を考える方法もある。経済的なこともあるが、周辺環境に配慮した施工方法もランドスケープでは重要である。

図1-18　コスタリカ、モンテベルデ自然保護区内の建物

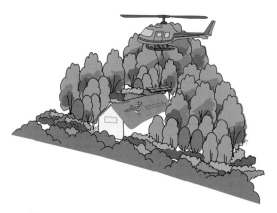

図1-19　コスタリカの森のなかに建物を作る方法

1-3-4　管理環境の把握

　ランドスケープの施設や空間が完成した後の利用方法、管理方法も重要な項目となる。建築や土木施設は設置後、一年、五年、十年と検査をした際に、人が利用したことと経年劣化による不具合、劣化が問題になるが、ランドスケープでは、人の利用以上に経年劣化要素である、日々起こる日射、降雨、降雪等の環境変化により、舗装やストリートファニチャの劣化、植物の成長・衰弱があるため、管理が必要となってくる。どう管理ができるかで、資材や植物の構成が大きく変化する。たとえば舗装や構造物等は木製のものは劣化しやすいため、それを避けるにはステンレス製やコンクリート製等の劣化しにくい素材にすれば管理は減らすことができる。植物は春・夏では毎日の成長や変化がありそれに対応する手間がかかるため、植栽部分を減らし、アスファルトや砂利等の人工物で仕上げるようにすれば、管理を軽減させることができる。

　このように工作物等のハードの部分と管理を伴う植物等のソフトの部分のバランスは管理に大きく影響する。

　また、水施設等は上水か井戸水か再利用水かで循環、浄化の仕方や容量が変化するため施設整備の規模に関わってくる。

少ない　　　　　　　日常管理　　　　　　　多い

・アスファルト、ブロック等のハードな　　　・植栽地の面積を多く取る
　地盤面の面積を増やす　　　　　　　　　　・木材や竹材で柵や扉を制作
・ステンレスやスチール等の鋼材で　　　　　・滝、噴水、流れ等大面積な水施設の設置
　フェンス・車止め等の外構施設を制作

図 1-20　日常管理の多少によるデザインの傾向

基礎調査

ランドスケープデザインは様々な環境があってこそ成り立つもので、それがデザインを大きく左右する。「環境に調和する＝デザインの基礎」という具合に、配置、形、色、ボリュームについては環境が導いてくれる。そのための自然環境調査は重要である。

2-1　自然環境調査

　日本は、森林面積の国土を占める割合が 68.4% と高く、先進国の中ではフィンランド、スウェーデンに次いで第 3 位であり、森林大国といえる。先進国の平均が 30% 程度であるから、その割合の高さがわかるだろう。

　そのため、森林を取り巻く自然が多く残っており、ランドスケープデザインを行う際は非常に重要な基盤となり、自然を保全もしくは復元することがキーワードとして必ず語られる。また、自然ではなく人工的に作られた海浜地区の埋め立てにおいても、潮風等の気象条件や、埋め立てに使われた土の種類、地盤の状態などの環境要件がある。

　自然環境の項目としては、気象、土壌・土質、地形、水系、動物、植物等が挙げられる。これらについて開発が行われる前に調査することを環境アセスメント（環境影響評価）という。大規模開発や国立公園等の特別な地域として指定されている場合は、詳細な環境アセスメントが必ず必要になる。一方、小規模な開発計画だからといって、規制や条例がないから調査しなくてもよいということはない。開発の規模に関わらず、環境アセスメント的な項目は調査し、把握しておかなければならない。

　自然環境の調査方法は、大きく分けて文献調査、現地調査の 2 つの調査方法がある。

表 2-1　OECD 加盟国森林率上位 10 か国

順位	国	森林面積〔1,000ha〕	森林率〔%〕
1	フィンランド	22,409	73.7
2	スウェーデン	27,980	68.7
3	日本	24,935	68.4
4	韓国	6,287	64.5
5	スロベニア	1,238	61.5
6	エストニア	2,438	56.1
7	ラトビア	3,411	54.9
8	コロンビア	59,142	53.3
9	オーストリア	3.899	47.3
10	スロバキア	1,926	40.1

※ 2020 年 7 月時点の OECD 加盟国 37 か国で計算
（出典：世界森林資源評価（FRA）2020 メインレポート概要）

2-1-1　文献調査

　文献調査は、図書館や博物館等の公共資料集積施設、国土交通省、気象庁等の公官庁の資料室、大学、民間の研究所で手に入れるのが一般的である。しかし、インターネット等の普及により、行政が市民サービスとして情報開示を積極的に行うようになったため、地図や自然環境に関する様々な資料が手に入りやすくなってきている。市町村の役所・資料館・博物館や公官庁ではホームページで自然環境に関する情報を提示しているところが多くなっており、インターネットさえつながっていればすぐに情報を手に入れる環境が整っている。ただし、インターネットに流れている情報については、公の機関が発している場合はよいが、個人のサイト等で特に植物、虫、鳥等の自然環境について詳細に記載している情報については、不確かなものもあるため取扱いに注意が必要なのはいうまでもない。

図 2-1　千葉市の各種統計データのホームページ
(https://www.city.chiba.jp/sogoseisaku/sogoseisaku/kikaku/tokei/02toukeisyo.html

2-1-2　現地調査

　現地調査はランドスケープでもっとも必要な調査といえる。文献調査ではわからなかった計画地点とその周辺の情報を得ることができる。現地調査で計画地から読み取れる主なものは次のとおり。

- 計画地の外形
- 計画地の地形
- 計画地内の現存する施設・設備（水道、電気、ガス等）
- 隣接する環境
- 計画地内および周辺の植生
- 土壌、見晴らし、周辺施設の状況等

　現地調査は一度だけでなく、何度も訪れるようにしたい。快晴の場合と雨天の場合では日当たり、排水具合が違うことが確認できるだろうし、季節に応じた植物の変化を知ることも重要な要素である。動物等の調査では、夜間に行動する動物もいることから昼間だけでなく夜間も行うことが必要な場合もある。

（a）4月の軽井沢　　　　　　　（b）6月の軽井沢

図2-2　軽井沢の外構植栽変化
たった2か月でも景色が変わる

2-1-3 気象

　気象関係については文献調査が主となる。気象に関する文献情報を得るには、気象庁のホームページ（https://www.jma.go.jp/jma/index.html）の気象統計情報を利用する。都道府県、市町村については自治体のホームページでも得ることができる。海外の主要都市については理科年表やその国・都市の公式ホームページで確認することができる。

図 2-3　気象庁のホームページ内の気象統計情報
(http://www.data.jma.go.jp/obd/stats/etrn/index.php)

気象統計情報についての調査ポイントは以下の項目が最低限必要である。

- 気温：寒暖について、平均気温、最高、最低気温
- 降水量：年間平均降水量、月別降水量
- 風向・風速：月別平均

　上記以外では、降雪量、日照量もわかるとよい。また、寒冷地では冬期に地面が凍る深さ（凍結深度）も、植物や構造物や舗装等の構成において重要となる。

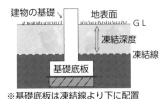

図 2-4　凍結深度

19

表 2-2　主な都市の凍結深度

都市名	凍結深度〔cm〕
札幌市	60
長野市	45
盛岡市	60

※標高、周囲の建物環境、地下設備等の布設状態により変わるため、あくまで目安とする

● 気温について

　植物は15℃以上で成長を活発にするものが多い。月平均気温が15℃以上であれば年間を通して植物が成長する状態と推察できる。しかし、30℃以上になると暑過ぎて植物が成長を止めてしまう状態になることが多くあるため、調査においては最低気温・最高気温もおさえておく必要がある。

　例を挙げると、東京の夏季の平均最高気温は 25 〜 31℃、冬季は 9 〜 13℃となっているが、ガーデンシティとして有名なニュージーランドは夏季の平均最高気温は 20 〜 30℃、冬季は 10 〜 15℃となっている。東京に比べ最低気温が高く、最高気温が低いこともあり、一年を通じて植物がよく育つため、暖かい地域の植物と寒い地域の植物を同時に同じ場所で育てることができる。

図 2-5　ニュージーランドクライストチャーチの個人の庭
亜熱帯を好むドラセナ類と温帯を好むシラカバ類が同時に植栽されている

表 2-3　クライストチャーチと東京の平均気温

年・月		クライストチャーチ			東京		
		平均気温	平均最高気温	平均最低気温	平均気温	平均最高気温	平均最低気温
2017	9	10.5	15.3	5.7	22.9	26.8	19.5
2017	10	12.0	17.4	6.6	16.8	20.1	14.2
2017	11	14.3	19.8	8.9	11.9	16.6	7.9
2017	12	18.1	24.0	12.1	6.6	11.1	2.7
2018	1	19.9	24.4	15.3	4.7	9.4	0.6
2018	2	17.4	22.6	12.1	5.4	10.1	1.3
2018	3	15.8	21.3	10.3	11.5	16.9	6.5
2018	4	11.7	17.5	5.9	17.0	22.1	12.4
2018	5	9.6	14.6	4.5	19.8	24.6	15.4
2018	6	7.3	11.0	3.7	22.4	26.6	19.1
2018	7	7.3	13.5	1.1	28.3	32.7	25.0
2018	8	7.9	13.0	2.9	28.1	32.5	24.6

● 降雨量について

　植物が育つために水は必須要件になることから、年間降雨量とともに成長期である冬以外の降水量の分布状態も把握しておく。日本は降水量の非常に多い地域で他国に比べるとその特徴がよくわかる。降水量の多さは、植物の選定だけでなく、雨樋や枡等建築物や工作物の仕様にも影響する。現地調査では、聞き取り調査ではみえない降り方（大雨、小雨）について調査しておくことが必要である。

表 2-4　主な海外都市の年間降水量と 8 月と 1 月の平均降水量

都市名	年間降水量〔mm〕	8 月の平均月降水量〔mm〕	1 月の平均月降水量〔mm〕	統計期間
東京	1528.8	168.2	52.3	1981-2010
北京	543	120.2	2.7	1986-2015
ニューヨーク	1145.4	107.9	82.5	1982-2010
パリ	637.4	52.7	51.0	1981-2010
ロンドン	601.7	49.5	55.2	1981-2010
シドニー	1000.4	8.6	41.2	2018
ニューデリー	767.7	232.4	20.8	1981-2010

● 風向について

　風は植物や生物が育つには必要なものだが、強過ぎると成長を阻害する。また、冷暖房のエネルギー利用を抑えるために、日照とともに重要となるものが風である。夏の暑い時期に吹く風は涼しさを作り出す機能となり、反対に冬の寒い時期に吹く風は冷たさを助長するため避けたい要素となる。そのため夏の時期の風向と冬の時期の風向を把握することが重要である。一般的に日本では夏は南東風、冬は北西風となっているが、地域ごとに様々な要因で風（地方風）が吹くことを知ることが必要であり、現地調査の際に周辺環境を調査することが大事となる。風は周囲の地形の凹凸で変化し、たとえば山にぶつかりおりてくるおろしという風、川や谷を抜ける風、ビル風等、周囲の地形や建物の影響を受けやすく地域での差がでやすいことも考慮しておくこと。また、屋敷林の位置と家の関係、樹木の立ち方の傾きでも強く風が吹く方向がわかる。現地調査の際、あらゆる角度から周辺環境をとらえることが重要である。

図 2-6　富山県の砺波平野の散居村の風景
盆地のため夏は暑く、冬の寒風（西風）が吹くため、スギの屋敷林（カイニョ）が各屋敷に設置されている

図 2-7　群馬の高垣（カシグネ）
からっ風を防ぐシラカシの屋敷林

表 2-5　主な地方風

地方	呼び名	吹く季節	風向
関東平野	からっ風	冬	北
六甲山系	六甲おろし	冬	北西
山形県	清川だし	夏	南東
東北地方	山背	春〜夏	北東

2-1-4 　土壌および土質

　土壌および土質（土の性質や状態）については文献調査と現地調査がある。文献調査は各自治体の資料室、図書館、博物館等で資料が手に入る。また、国土交通省のホームページでは地形分類図、農研機構が運用している日本土壌インベントリーのホームページでは土壌図を閲覧できる。

　地形分類とは、地形を形態、成り立ち、性質等から分類したものである。その土地が山地か台地か、低地かまた同じ低地の中でも高燥な土地か、低湿な土地か、あるいは自然の地形を人工的にどのように改変しているか等について区分したもので、地形分類図はそれを地図上に著したものとなり、土質の状態をおおよそ把握することができる。自然災害は地形とその改変の履歴と密接な関係があり、地形分類の内容から災害の発生を推定することもできる。

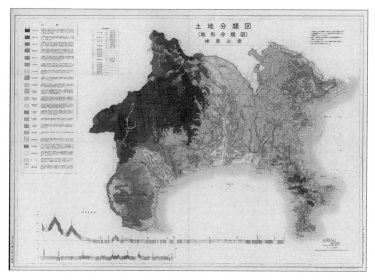

図 2-8　土地分類図（地形分類図）神奈川県
(https://nlftp.mlit.go.jp/kokjo/tochimizu/F2/MAP/214001.jpg)

　土壌図は土壌の種類ごとの分布状況を地図状にしたもので、土壌の種類分けは土壌分類法によって行われている。

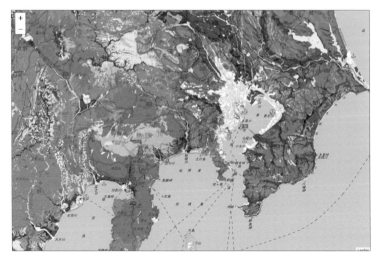

図 2-9　土壌図（相模湾周辺）
(https://soil-inventory.dc.affrc.go.jp/figure.html)

● 土壌について

　火山が活発に活動中の日本は地質が比較的新しいことや雨量が多いこと、地形が急峻であること等から、土壌の種類が豊富である。雨量が多いことは土壌を酸性にさせ、水の力によって土壌が様々なところに移動してしまい堆積する等の影響がある。土壌や土質の違いは、植物や生物の分布に影響を与えている。文献調査の土壌分布図等でおおまかな土壌の特徴はつかめるが、造成で改良されている場合や、自然でも小範囲で変化するため現地調査が非常に重要である。

図 2-10　奈良の寺院の通路
石張りの園路脇は真砂土仕上げ

表 2-6　主な土壌

土壌名	特徴	分布
黒ボク土	日本ではよく見られる土。黒土とも呼ばれる。火山灰土と腐植で構成され、有機質が非常に多い	北海道、東北、関東、九州
森林褐色土壌	森林下でみられる。黒色の表層と褐色の下層からなる	日本全体
真砂土	マサとも呼ばれる。山砂の一種。花崗岩が風化した土壌。水はけはよく、粘性が弱く流れやすい。校庭によく使われる	関西以西の山

● ボーリングデータ

　文献調査で地面に広がる土壌の分布はおおよそ分布図で把握することができるが、地面の下、垂直分布については、地下の様子がその場その場で変化していることが多いため、ボーリングデータがなければわからない。ボーリングデータは敷地周辺の既存データがある場合はそれでおおよその見当をつけることができるが、実際は敷地内の数か所でボーリングし、データを取りたい。ボーリングにより、排水のしやすさや地下水位の高さ、土壌の肥沃さを推察することができる。

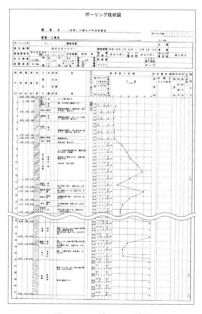

図 2-11　ボーリング図

● 表土と心土

　大きく分けて上部にあるものが表土、下部にあるものが心土である。計画地の表面状態は現地調査で確かめる。表土は酸素を多く含み小さな生物が生息して肥沃なことが多いが、心土は締め固まり、酸素が少なく生物がほとんどいない土となる。植物や生物を積極的に導入したり保存したりする場合は、表土を確保あるいは保全することが望まれる。

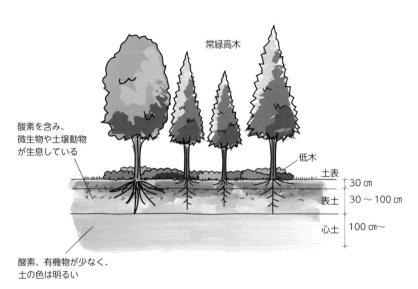

図 2-12　表土と心土の模式図

● 酸性土壌とアルカリ性土壌

　土壌分布図の土壌の種類により酸性かアルカリ性であるかは判別する。詳しくは現地調査が必要である。降水量が多い日本は土壌が酸性になりやすく、水田も多いことから、ほとんどの地域が酸性土壌である。イタリア等の地中海周辺の地域ではアルカリ性土壌の石灰岩が風化した土壌が多く分布する。土壌の酸性とアルカリ性の傾きによりいちばん影響を受けるのが植物で、弱酸性を好む植物は日本に多く自生するツツジ類、アルカリ性を好むものは地中海沿岸で多く栽培されるオリーブが挙げられる。

　土壌ではないが、コンクリートはアルカリ性のためコンクリート周辺では土壌

がアルカリ性に傾く場合があることに注意したい。コンクリートでできた建築物の屋上庭園は当初導入する土壌が酸性でも年月が経過するとアルカリ成分が土壌内に上がってきてアルカリ化するという例もあるため注意が必要である。

図 2-13　イタリアのアルベルベッロの駐車場
オリーブが緑陰樹として使われている

2-1-5 地形・水系

　地形や水系については文献調査により調べることができるが、細かい地形の起伏、細い水路等は現地調査で確認しなければならない。

● 地形
　国土地理院では「地理院地図」(https://www.gsi.go.jp/) というウェブ地図を配信しており、その地図の中に、地形図、写真、標高、地形分類、災害情報等が組み込まれている。また、印刷した地形図は、各自治体の資料室や図書館で閲覧できるほか、大型書店や専門店で販売されている。

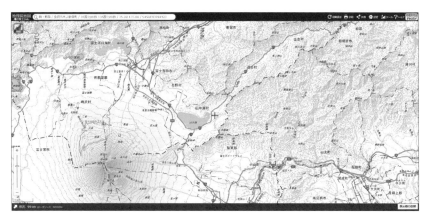

図 2-14　国土地理院の地理院地図（山中湖周辺）

(https://maps.gsi.go.jp/#12/35.424681/138.909531/&base=std&ls=std&disp=1&vs=c1j
0h0k0l0u0t0z0r0s0m0f1)

● 水系

　地形の凹凸とともに川等の水系がどのようになっているかが地形図でわか
る。等高線の尾根をたどっていくと分水嶺も把握できる。分水嶺とは分水界と
もいい、異なる水系の分かれる境界部で、山脈部では稜線と一致することが
多い。水系の状態がわかると地形の乾湿も推察できる。

図 2-15　図 2-14 の地形図を水系部分を拡大した図

● 高低差

　前述の地理院地図には、3D データも航空写真も組み込まれているため高低差も把握できる。また、インターネットの Google Earth や Google Map でも航空写真も手に入れることができ、ストリートビューのように地上レベルでの景色もわかるため、地形図以上にその場所の地形がわかりやすくなってきている。日本は活発に活動する火山や海洋の影響を受けて、高低差のある地形と複雑な海岸線が特徴的である。そのため気候や生物の変化が起こりやすい。高い山を登ったときに下界とは明らかに気温が下がったと感じるだろうし、風も吹き天気も変わりやすいというように、高低差は様々な気候の変化を作る。そのことで植生や生物の分布に影響がでる。地形や高低差による地面の凹凸を把握することはデザイン上非常に重要である。

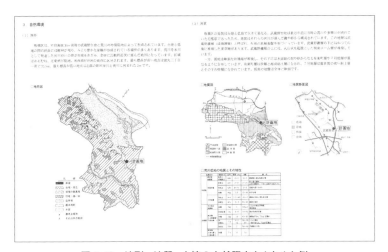

図 2-16　地形・地質・土壌の文献調査をまとめた例

2-1-6　動物

　日本には昆虫、鳥類、爬虫類、両生類、哺乳類、魚類、無脊椎動物が自然に生息している。生息の可能性がある動物については文献調査や各自治体で発行している自然史や博物誌を利用する。微細な自然環境の変化で生息す

るものが違うことになるため、現地調査も重要となる。動物は植物と違い、移動するため現地調査は1回だけでなく、数回行う必要がある。鳥類や昆虫等は飛翔するためトラップ調査といって罠をしかけて調査することもある。小動物のウサギやタヌキ等は足跡や食事をした跡（食跡）、糞から現地で確認できる。イノシシやモモンガ等、夜間に行動する動物もいるため、夜間調査が必要なこともある。

図2-17　キツネの足跡

　これらの動物で貴重なものが発見されると、開発行為を中止しなければならない場合がある。貴重な動物の指標として絶滅危惧種というものがあり、都道府県ごとに絶滅危惧種、準絶滅危惧種が定められている。

表2-7　日本の主な絶滅危惧種

昆虫	オガサワラハンミョウ、イシガキニイニイ、オガサワラトンボ、ヤシャゲンゴロウ、オガサワラシジミ
鳥類	オガサワラカワラヒワ、クロツラヘラサギ、シマフクロウ、タンチョウ、ノグチゲラ
爬虫類	イヘヤトカゲモドキ、キクザトサワヘビ、ヤクヤモリ、アカウミガメ
両生類	アベサンショウウオ、イシカワガエル、イボイモリ、カスミサンショウウオ
哺乳類	オガサワラオオコウモリ、イリオモテヤマネコ、ニホンアシカ、ジュゴン、アマミノクロウサギ
魚類	ミヤタナゴ、リュウキュウアユ、メダカ、スイゲンゼニタナゴ
無脊椎動物	カントウイドウズムシ、カブトガニウズムシ、イツキメナシナミハグモ、ミヤコサワガニ、ニホンザリガニ、ハッタジュズイミミズ、イソコモリグモ

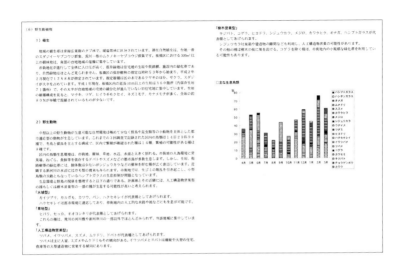

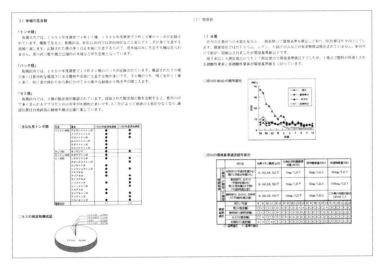

図 2-18　動物等の文献調査結果をまとめた例

2-1-7　植物

　植物といえば海中の藻類までも含むことになるが、大抵の場合ランドスケープデザインで扱う植物は陸上植物である。陸上植物は表 2-8 のように分かれ

ており、コケ類から裸子植物までの範囲となる。表中、種子植物となっているなかに、いわゆる草、木があり、草は草本（そうほん）、木は木本（もくほん）という。コケ類を調べることもあるが、多くの調査対象は、シダ類から草本類、木本類で、それらを調査するには、文献調査、現地調査がある。

表 2-8　植物分類図

上植物 （有胚植物） Embryophyta	ゼニゴケ植物門（コケ類）Marchantiophyta		
	マゴケ植物門（蘚類）Bryophyta		
	ツノゴケ植物門 Anthocerotophyta		
	維管束 植物 Tracheo- phyta	ヒカゲノカズラ植物門 Lycopodiophyta	
		真葉植物 Euphyllo- phyta	シダ植物門 Pteridophyta
			種子植物 Spermato- phyta	裸子植物門 Gymnospermae
				被子植物門 Angiospermae

● 文献調査

　文献調査は各自治体で発行している自然史等のほかに、土地保全図というものがあり、現況植生図がわかるようになっている。

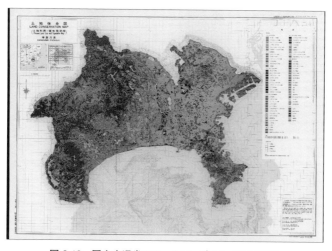

図 2-19　国土交通省のホームページから（神奈川県）

　ほかに潜在自然植生図がある。潜在自然植生図とは、もし開発されていなければ自然ではどのような状態であったかを表したものである。潜在自然植生図で使われている用語の特徴は群落というカテゴリーで、日本では植生を150 種類以上の群落に分けて表記している。植物群落は人為の影響度によって、自然植生（人の影響をほとんど受けていない）、代償植生（伐採等の人の影響を強く受けている）、人工植生（植林などにより人が作ったもの）に大別される。

図 2-20　潜在自然植生図

表 2-9　主な群落名とそれを構成する植物名

群落名	植物名
ハイマツ - コケモモ群集	ハイマツ、キバナシャクナゲ、コガネイチゴ
ブナ - シラキ群集	ブナ、ミズナラ、ヒメシャラ、ツガ、モミ、シロモジ、ベニドウダン、シラキ
イヌブナ - コハクウンボク群集	イヌブナ、クマシデ、イヌシデ
ウラジロガシ - イスノキ群集	イスノキ、ウラジロガシ、ホソバタブ、ハイノキ、サンゴジュ
スダジイ - ミミズバイ群集	スダジイ、タブノキ、コジイ、ホルトノキ、ミミズバイ、オガタマノキ、サカキカズラ

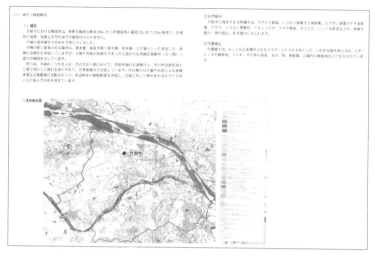

図 2-21　文献調査による資料をまとめた例

● 現地調査

　木本類は一年中地上部に存在するためいつでも確認ができるが、草本類は季節により姿を消したり、現れたりするため、季節を変えた定期的な現地調査が必要である。

　植生調査は調査範囲が狭い場合はすべてを調査できる。すべての植物について種類、形状(高さ、幹周、葉張り)をはかり位置を記録する毎木調査を行う。範囲が広大な場合は抽出調査を行う。抽出調査の代表的なものがコドラート調査である。

● 植生の調査方法

1) コドラート調査

　コドラート (quadrad) は、枠または区画を意味し、主に自然緑地の状態を調査する場合に行う。緑地の標準的な部分を 10 ～ 25 m の正方形で区切り、その範囲内にある植物をすべて調査する。調査の順序としては、まず階層構造 (後述) をみて、その植物がどの範囲まで広がっているか、あるいは占有しているかを理解する植被率を出す。植被率には被度と郡度がある。

- Ⅰ層（高木層）：林冠に達するもの
- Ⅱ層（亜高木層）：その下まで達するもの
- Ⅲ層（低木層）：数ｍ以下
- Ⅳ層（草本層）：50cm程度以下
- Ⅴ層（コケ層）：地表すれすれのもの

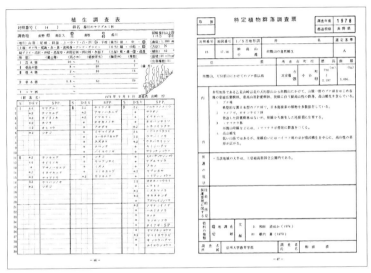

図 2-22　コドラート調査で作成した植生調査表
（出典：日本の重要な植物群落甲信越版　環境庁編）

2) 毎木調査

　人の手の入った土地や比較的小規模な自然の緑地を調査する場合に行う。
主に樹木の位置と形状を計測し図面化する。

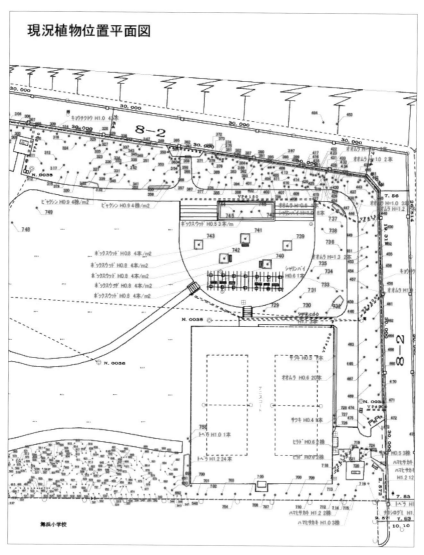

図 2-23 現況植栽図

番号	常緑	落葉	針葉樹	幹周	樹木名	番号	常緑	落葉	針葉樹	幹周	樹木名
1	(J)	R	S	87	ヤマモモ	41	(J)	R	S	70	マテバシイ
2	J	R	(S)	91	マツ	42	(J)	R	S	50	ウバメガシ
3	J	R	(S)	115	マツ	43	J	R	(S)	95	マツ
4	(J)	R	S	30	ネズミモチ	44	(J)	R	S	46.5	タブノキ
5	(J)	R	S	38.5	ミカン	45	(J)	R	S	33	タブノキ
6	(J)	R	S	50.8	ネズミモチ	46	(J)	R	S	87	スダジイ
7	J	R	(S)	76	マツ	47	(J)	R	S	89	タブノキ
8	J	R	(S)	95	マツ	48	J	(R)	S	76	イチョウ
9	J	(R)	S	128	エンジュ	49	(J)	R	S	55	タブノキ
10	(J)	R	S	52	タブノキ	50	(J)	R	S	96	スダジイ
11	(J)	R	S	92	タブノキ	51	(J)	R	S	71	マテバシイ
12	(J)	R	S	100	タブノキ	52	(J)	R	S	86	マテバシイ
13	(J)	R	S	80	マテバシイ	53	(J)	R	S	69	タブノキ
14	(J)	R	S	57	マテバシイ	54	(J)	R	S	64	タブノキ
15	(J)	R	S	130	シラカシ	55	(J)	R	S	105	タブノキ
16	(J)	R	S	59	マテバシイ	56	J	R	(S)	108	マツ
17	(J)	R	S	111	スダジイ	57	(J)	R	S	59	マテバシイ
18	J	R	(S)	80.5	スダジイ	58	(J)	R	S	36	マテバシイ
19	(J)	R	S	83	マツ	59	(J)	R	S	85	マテバシイ
20	(J)	R	S	139	スダジイ	60	(J)	R	S	62	シュロ
21	(J)	R	S	72	タブノキ	61	J	(R)	S	147	サクラ
22	(J)	R	S	78	タブノキ	62	(J)	R	S	74	スダジイ
23	(J)	R	S	69	タブノキ	63	J	R	(S)	115	マツ
24	(J)	R	S	29	タブノキ	64	J	R	(S)	132	マツ
25	J	R	(S)	88	マツ	65	(J)	R	S	59	マテバシイ
26	(J)	R	S	92	タブノキ	66	(J)	R	S	61	マテバシイ
27	(J)	R	S	72	タブノキ	67	(J)	R	S	96	タブノキ
28	(J)	R	S	75.5	タブノキ	68	(J)	R	S	41	ハマヒサカキ
29	J	R	(S)	94	マツ	69	(J)	R	S	99	タブノキ
30	(J)	R	S	71	タブノキ	70	(J)	R	S	58	タブノキ
31	(J)	R	S	60.5	マテバシイ	71	(J)	R	S	49	タブノキ
32	(J)	R	S	29.4	マテバシイ	72	(J)	R	S	64	タブノキ
33	(J)	R	S	25.9	マテバシイ	73	J	(R)	S	63	イチョウ
34	(J)	R	S	76	マテバシイ	74	(J)	R	S	75	タブノキ
35	(J)	R	S	42	マテバシイ	75	(J)	R	S	78	タブノキ
36	J	R	(S)	75	マツ	76	(J)	R	S	39	タブノキ
37	J	(R)	S	205.1	サクラ	77	(J)	R	S	82	タブノキ

図 2-24　現況樹木数量表

● 日本の植栽適正帯

　植物には成長に適した気温がそれぞれあり、それ以上でも以下でも健全な成長は望めない。南北に長い弧を描く日本は、北と南では気候が大きく異なり、暖地と寒地の2つに分けられる。さらには、暖地は温帯、暖帯、亜熱帯に、寒地は寒帯と温帯に細分化される。米国農水省は樹木の耐寒性をもとに植栽可能な地域を複数のゾーンに分けている。図2-25はその基準を日本の気候にあてはめたものである。

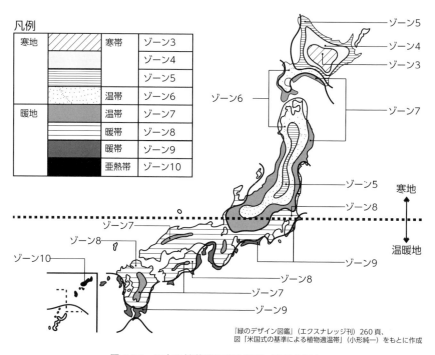

『緑のデザイン図鑑』（エクスナレッジ刊）260頁、
図「米国式の基準による植物適温帯」（小形純一）をもとに作成

図2-25　日本の植栽適正帯と暖地・寒地の目安

表 2-10　最低気温による植物の耐寒性区分

気候区分		ゾーン	平均最低気温	種別	越冬可能な主な樹種
寒地	寒帯	ゾーン 4	− 34.5 〜 − 28.9℃	針葉樹	ハイマツ、グイマツ
				広葉樹	ナナカマド、ハナミズキ、ヤチダモ
		ゾーン 5	− 28.9 〜 − 23.3℃	針葉樹	イチイ、カラマツ、コウヤマキ、ゴヨウマツ、ドイツトウヒ、ニオイヒバ
				広葉樹	アカシデ、イロハモミジ、ウメ、エンジュ、カツラ、コブシ、サンシュユ、ハナミズキ、ブナ、ムクゲ、ライラック
	温帯	ゾーン 6	− 23.3 〜 − 17.8℃	針葉樹	アカマツ、アスナロ、カイズカイブキ、サワラ、スギ、チャボヒバ、ヒノキ、ヒムロ、モミ
				広葉樹	アキニレ、イヌシデ、エゴノキ、カキノキ、カリン、コナラ、サルスベリ、シダレザクラ、ナツツバキ、メグスリノキ、ヤマボウシ、リョウブ
暖地	温帯	ゾーン 7	− 17.8 〜 − 12.3℃	針葉樹	ダイオウショウ、ヒマラヤスギ、ヒヨクヒバ
				広葉樹	キンモクセイ、ゲッケイジュ、サザンカ、ザクロ、シラカシ、ソヨゴ、ネムノキ、ハゼノキ、ヒイラギモクセイ、ヒメシャラ、ブルーベリー
	暖帯	ゾーン 8	− 12.3 〜 − 6.6℃	針葉樹	イヌマキ、ラカンマキ
				広葉樹	アラカシ、オリーブ、カクレミノ、クロガネモチ、サンゴジュ、スダジイ、ネズミモチ、フェイジョア、モッコク、ヤマモモ、ローズマリー
				特殊樹木	ニオイシュロラン
		ゾーン 9	− 6.6 〜 − 1.1℃	特殊樹木	シュロチク、カナリーヤシ、シマトネリコ
	亜熱帯	ゾーン 10	− 11.1 〜 4.4℃	特殊樹木	オウギバショウ

図 2-26　ダイオウショウ（大王松）北アメリカ原産

2-2 人文環境調査

　自然環境を調査してデザインすると、自然植生、気象、土壌と共通的なものが広範囲で分布しているため、その地域内でのデザインがほぼ同じになってしまう可能性がある。その場で起こった事象や関わった人、今もなお行われていることに関して調べると自然環境とはまた違った側面がみつかり、デザインに特色をだすことができる。自然環境が変わらない要素というハードな基盤になることに対し、人文環境は過去の歴史とともに現在も変化を続けているソフトな基盤となる。

図 2-27　童謡「しょじょ寺の狸囃子」の証城寺が近くにあることから設置された タヌキのモニュメント：木更津市富士見通り商店街

2-2-1 歴史

　歴史の調査は主に文献調査となり、自治体の資料室、図書館、博物館等に資料がおかれている場合が多い。自治体のホームページで閲覧できる場合もある。歴史は古代から現在まで広範囲に及ぶが、デザイン対象を考慮し、トピックス的な要素を中心にピックアップする。対象地だけでなく、その地域、周辺まで及ぶように調査する。現地調査では周辺に古くからある神社仏閣、建造物、石碑、道路・橋、水路等、人為的なものについて調べる。

図 2-28　文献調査をもとに作成した例

2-2-2　文化史

　文化史については文献調査が主になるが、現在の状況を細かく調べるにはアンケート調査も行う。文化的な調査の項目は人口に関すること、産業に関すること、住民に対する意識調査等が挙げられる。自治体で発行している〇勢要覧（〇の部分に、町、市、区等の行政単位が入る）や定期的に発行される刊行物等で調べることができる。都道府県単位であれば理科年表でも調べることができる。

　人口については、人口の増減、世代別の構造、世帯数、男女比等がある。これらの将来予測に関する資料も同時に調べる。

図 2-29　港区の区政要覧

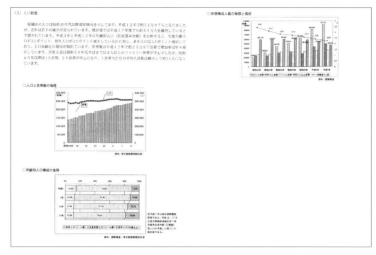

図2-30　人口や世帯数を文献調査によりまとめた例

　産業については人口と同じく、文献調査が主流となり、その地域の主な産業や産業別世帯数、産業の変遷、これらの動き等を調べる。

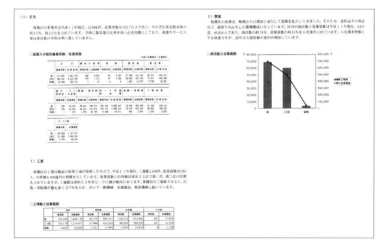

図2-31　産業について文献調査によりまとめた例

2-2-3 都市基盤環境

　都市基盤環境は道路、電気、ガスのようなインフラに関するものと、学校、役所等の公共施設の状況、公園・緑地のような緑の分布状況がある。

　その地域の現在の電気、水道、ガス、交通、通信等の状況について調べるには、文献調査と現地調査がある。文献調査は電気が各電気会社、水道が水道局、ガスは各ガス会社に問い合わせるとともに、現地で確認をする。電気については、各自治体が自然エネルギーの導入を計画していることもあるため、自治体にも問合せが必要である。通信は昨今非常に変化している部分でもあるため、電話会社、ケーブル会社などにその地域への供給について問い合わせることが必要である。

　道路、鉄道、バス等の交通状況を調べるには、文献調査、聞き取り調査、現地調査となる。道路については通行量、拡幅や新設等の将来的な計画についても調べる。鉄道やバスは各駅の乗降客数、アクセス便数等の利用状況も重要な調査内容となる。利用者アンケートや聞き取り調査も必要となる場合がある。

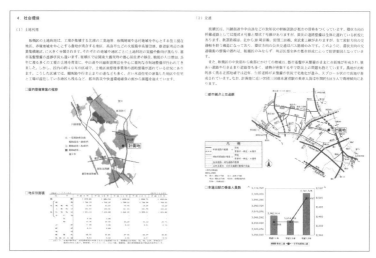

図 2-32　鉄道・バスの調査結果をまとめた例

　公共施設の分布状況については、各自治体が発行している地図、ホームページ等で検索できる。

図2-33　港区緑地分布図

図2-34 公共施設分布図作成例
計画地から半径500m、1km、等の円を描き距離を把握できるようにしている

Chapter 3

プランニング手法

　基礎調査を行ったあと、それらを元にデザインプランニングを展開
していく。プランニングの進め方は大枠〜詳細という流れになり（図
3-1 参照）、全体の方向性をどうするかを検討し、計画地の範囲を用
途、デザインを考慮しながらとらえ、それを徐々に小さいエリアに分け、
詳細を決定していく。計画地の部分だけでなく、その周囲も考慮しな
がら進める必要がある。

3-1 現況図の作成

　実際にプランニングする場所の状態について基礎調査を元に現況図、現況植栽図を作成する。縮尺は計画地が入る大きさが目安であり、1/200 〜 1/500 がよいだろう。計画地とその周辺を表すには 1/500 〜 1/1000 程度でよい。現況図は測量図とほぼ同等で、境界線の寸法、方位、基準点、既設の構造物、排水・電気設備、標高、地面の仕上げ材料、植栽等が記入される。

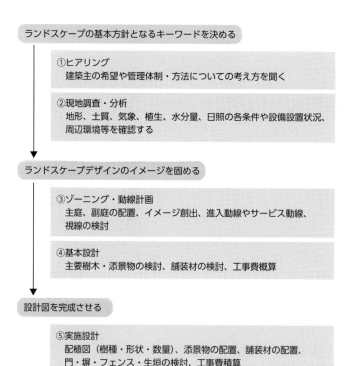

図 3-1　プランニングの進め方

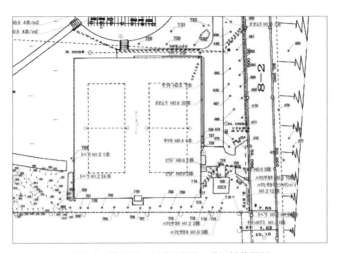

図 3-2　現況図および周辺図、現況植栽図例

　現況図に基礎調査の具体的内容や写真をその場所にトピックスとして書き込み、貼り込むと現状を理解しやすくなる。

3-2 基本方針の策定

　調査結果から与えられた敷地の要素をくみ取り、依頼された要件を元に基本方針を策定していく。要件をくみ取る段階で注意したいのが、公園や街路等の場合である。これらは利用者が多数あるいは不特定多数であり、年代も子供から老人まで多層にわたる。そのため、設計者と自治体担当者が一方的に方針を決めると、利用者の意見が反映されない場合がある。そこで、その施設に関わる関係者全体に適宜意見を求めながら進めるようにするほうがよい。しかし、関係者全体に意見を求めるのは難しいことから、ヒアリング調査や、アンケート、ワークショップ等を行う。利用者の意見を反映させる手段を取り込むことにより、利用者にとって魅力ある施設を設置できる可能性が高くなる。

3-2-1　ワークショップの必要性

　関係者に意見を求める方法として、ワークショップがある。たとえば街区公園を計画する場合、実際にそれを利用すると想定される人々と、それを管理する人々を集め、どのような公園を望んでいるのか意見を聴いていく場を設ける。ワークショップに集まった人々は専門家ではなく公園を作ったことはないためすぐに作りたい空間を絵にできるわけではないが、段階を追って意見を引き出していく。

● ワークショップの手順例 (公園の場合)

① 利用者が集まり自己紹介→どのような人々が利用するのかを知る

② 自分の好きな公園、嫌いな公園の話をする→具体的なイメージを共有

③ 実際に公園ができる場所に行く→規模と周辺環境を知る

④ いろいろな公園に行く、調べる→現実的にデザイン上できることを把握

⑤ 意見を述べ合い集約する→自分の公園だと確認

図 3-3　ワークショップの風景

　ワークショップは多数の人々と行うが、設計者と発注者が行う場合についても同様な話し合いを数回行い進めていけばよい。

3-2-2　ゾーニング

　現況図を元に、おおまかな使い方の方向性をエリア型で検討する。エリアの名称は利用形態、利用機能等から引用する。

● ゾーンの設定例

　公園を計画する場合を例にとり、ゾーンの設定をすると、以下のようなゾーン名が考えられる。

- エントランスゾーン：正面の出入りを行うゾーン。その公園の顔にもなる。公共交通機関、車両等でアクセスしやすい接道部分に設ける。

- 施設ゾーン：利用者が立ち寄る、あるいは作業をする施設。公園であればトイレ、更衣室等も含まれる。管理者のための施設も併設される。作業場、執務室が含まれる。比較的エントランスゾーンに近接し、わかりやすい位置にあることが望まれる。

- 遊び場ゾーン：遊具が配置される場所、遊びができる広場。安全に遊べることができる場所に設置する。また、子供の声が響くため周囲に影響がでないような位置に配置する。

- 植栽ゾーン：現況で植栽を生かす場合はそれを明記する。ゾーンとゾーンが切り替わる場合や、周囲の景色を隠す、防御する場合も設置する。景色として見せる場合も設置する。

- サービスゾーン：管理者の車両や道具、裏方の作業を行う場所として設置する。施設ゾーンとの連携がとれるところ、利用者からは見えにくいところに配置する。

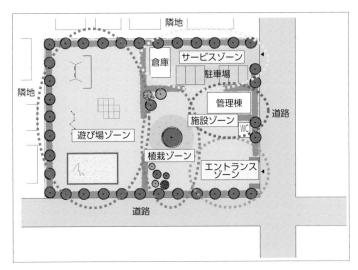

図 3-4　ゾーニング図例

● ゾーンを決定する 3 要素

ゾーンの位置、規模を決定する 3 要素として機能、現況、周囲の環境がある。

① 機能

文章を書くときの要素として「いつ」「誰が」「何を」「どこで」「なぜ」「どうやって」という 5 W 1 H を入れると明解になるように、空間の機能もこの 6 つの視点から検討すると機能の要素が明確になる。

表 3-1　機能の例

機能	展開例
いつ	何時に、毎日、休日、季節によって、隔年で、祭りで
誰が	子供が、大人が、老人が、女性が、男性が、日本人が、動物（ペット）が
何を	遊具、運動施設、休憩施設、サービス施設（トイレ、水飲み等）植物、修景施設（噴水、池、庭園等）
どこで	エントランス部分、広場、通路、水辺、山
なぜしたか	〜したいから、法律に準じるため、効率的であるから
どうやって	歩いて、自転車で、管理車両で、座って、人を連れて

機能の検討例として、たとえば以下のようになる。

- いつ：常に使うものや場についくは、アプローチのしやすい場所に配置する。年に数回利用する、あるいはイベントのみというような場合は、アプローチから離れた場所でもよい。

- 誰が：子供が利用する場所は大人よりも行動範囲が狭いため、空間はコンパクトになる。また危険な場所（例：車の往来が多い、水辺）の近くに設置しない。低学年と高学年では遊び・運動の内容が異なる。老人の場合は歩行距離を短くしアクセスしやすい場所に設置する。

- 何を：いちばん利用しやすいもの、利用希望のあるものを選ぶ。周囲で不足している機能も入れる。

- どこで：利用しやすい場所、管理しやすい位置を把握。

- なぜしたか：バリアフリーの検討、眺望の検討、消防署との協議、管理者の意向、工事費の問題。

- どうやって：歩行空間規模の検討、自転車専用道の設置、管理車両の出入り、イベント時のサービス車両の出入り。

② 現況

　現況を無視し様々な施設や空間を作ることは容易にできるが、あるものを使わずに処分し、新たなものを購入するような行為は経済的にも環境的にも非効率である。特に地形については、大きな改変をすると土がなくなったり、盛り上がったりすることで、水の流れ、日当たり、生物の消失等が起こる可能性があり、極力自然の形を生かして計画を進めるようにする。また、現況にある水系（流れ、湧水）や植生は一度失うと復元することが困難な場合が多いため慎重に扱う必要がある。現況をよく把握し、その場にあるものと、その地の特性を生かして計画を進めることが重要となる。

図 3-5　既存林を保全する活動（久末緑地）

③ 周囲の環境

　計画地の周囲がどのように土地利用されているかによって、設定されるエリアが左右される。人の流れに着目すると、駅やバス停等のアクセスポイントがどこなのか、車の流れに着目すると、幹線道路からどのようにエントランス、駐車場にアクセスするか等と、入口、駐車場，園路の設置位置に関係する。また、緑地、公園、庭園等の緑環境は、緑の連続性、つながり、眺望に関係する。住宅地が広がる場合は、夜間利用、騒音のでそうなものは近接させないようにする。

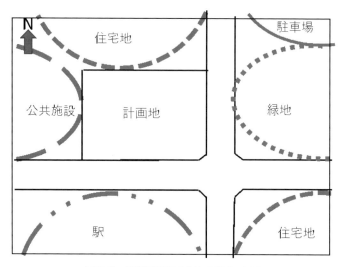

図 3-6　周辺環境を書き込んだゾーン図

④ その他の要素

　近年、環境への配慮からあえて何もしないところを設定したり、遺跡等では修復したり復元したりする場合もある。これらの要素をくみ上げるためにも基礎調査やアンケート、ヒアリング等が重要である。ゾーニング図を描く場合、その敷地内だけに目を向けやすいが、周辺とかなり遠方からの眺望、景色を問われることもあるため、時にはゾーニング図を広範囲に置き換えて行うことも必要である。

3-2-3　動線計画

　ゾーニング図を元に人や車等の動線を検討する。ゾーンとゾーンをつなぐ動線と、ゾーン内を通過する動線がある。人の動線には利用者動線と管理者動線がある。同じように車にも利用者動線と管理者動線がある。線を記入する場合はわかりやすいように色や線種を変えて記入する。また利用者の多い部分については、線の太さを変えるとわかりやすい。

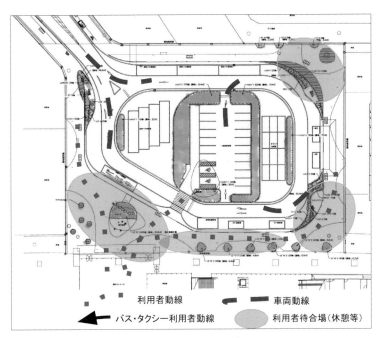

利用者動線　　　　　　　　　車両動線

バス・タクシー利用者動線　　　利用者待合場（休憩等）

図 3-7　駅前広場の動線図

● 利用者動線

　利用者動線は最寄りの公共機関（電車駅、バス停）からのアクセスを考え
た導入部、各施設や空間との順路を記入する。敷地の大きさによっては順路
をすべて網羅する場合と短時間で回る場合を考える。公園等は児童、大人と
いうように利用者の年齢層を分けて考える場合もある。

● 管理者動線

　管理者動線は利用者動線と同じ部分もあるが、作業服を着用し道具を所持
する場合もあるため、利用者と別なルートも設置し、夜間の出入り、清掃等
を行う管理関係建築物の動線を記入する。

● 車両動線

　周囲の道路の状況を記入したものに利用者車両の出入りを記入する。管理

者用車両と利用者用車両が同一になる部分もあるが、夜間の出入り、ゴミ処理車両の出入り、搬入車両の出入り、外構施設・植栽等の管理や補修車両の出入りを検討する。

3-2-4 　詳細計画

ゾーニングと動線を決定したあと、それぞれの空間のデザインを詰めていく。屋外空間を埋めていく施設は公園を例に以下のようなものが挙げられる。

表 3-2　公園内の主な施設

項目	内容
植栽	樹木、花壇、緑地
園路・広場	歩道、車道、園路、管理用通路、階段、スロープ、広場
修景施設	モニュメント、流れ、池、噴水、展望台
休養施設	休憩所、四阿 (あずまや)、ベンチ類
遊戯施設	遊具、砂場、徒渉池
運動施設	各種コート、グラウンド、プール
教養施設	動植物園、屋外劇場、観察小屋
便益施設	便所、水飲み、売店、サイン
管理施設	門柵、照明、給排水施設、ゴミ集積所、車止め、駐車場
その他	自然育成施設

ゾーニングと動線図をベースにしてそれぞれの施設の適正な大きさで配置を行う。配置については、利用しやすさ、安全性、法律に準ずる等の機能の考慮と、見え方や景色の美観を成り立たせるようにする。

● 植栽

既存樹を生かすかどうか、移植する等の検討が必要である。自然の森に近い緑地を作るのか、修景的な緑地を作るのか、あるいは季節により植え替えるような花壇を作るのか、作りたい植栽空間のイメージとともに管理の手法も検討するとよい。

● 園路・広場

　園路はその幅により歩行形態が変わる。歩行者専用道とするのか、自転車利用もあるのか等の検討が必要。車いすやベビーカーの利用は階段を避けスロープを設置するが、勾配の設定とガタつきの起こらないような舗装の仕上げ等も求められる。

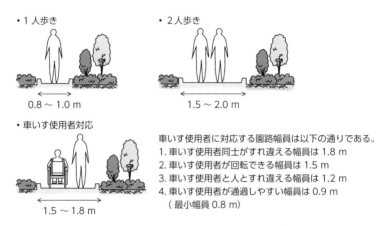

・1人歩き
0.8 ～ 1.0 m

・2人歩き
1.5 ～ 2.0 m

・車いす使用者対応
1.5 ～ 1.8 m

車いす使用者に対応する園路幅員は以下の通りである。
1. 車いす使用者同士がすれ違える幅員は 1.8 m
2. 車いす使用者が回転できる幅員は 1.5 m
3. 車いす使用者と人とすれ違える幅員は 1.2 m
4. 車いす使用者が通過しやすい幅員は 0.9 m
　（最小幅員 0.8 m）

図 3-8　歩行形態による必要とされる園路幅
(出典：東京都福祉のまちづくり条例施設整備マニュアル (平成 21 年版))

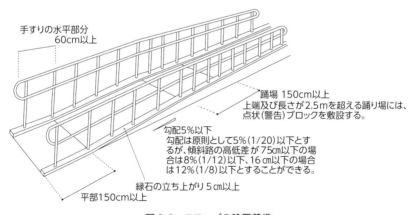

手すりの水平部分
60cm以上

踊場 150cm以上
上端及び長さが2.5mを超える踊り場には、
点状 (警告) ブロックを敷設する。

勾配5%以下
勾配は原則として5% (1/20) 以下とするが、傾斜路の高低差が 75cm以下の場合は8% (1/12) 以下、16 ㎝以下の場合は12% (1/8) 以下とすることができる。

縁石の立ち上がり 5 ㎝以上
平部150cm以上

図 3-9　スロープの設置基準
(出典：東京都福祉のまちづくり条例施設整備マニュアル (平成 21 年版))

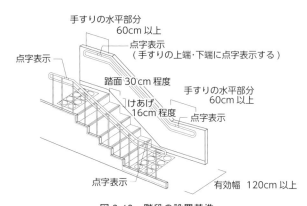

図 3-10　階段の設置基準
（出典：東京都福祉のまちづくり条例施設整備マニュアル（平成 21 年版））

● 修景施設

　モニュメントや水施設、パーゴラ、景石等は必ずなければならないものではないが、空間のゆとり、癒しなどの効果があるため、わかりやすい場所に設置するほうがよい。これらの施設のなかには高価なものや、維持管理にやや技術がいるものもあるため、管理のしやすさや、見守れる場所を検討する必要がある。水を扱う施設は子供が溺れる等の事故が起こる可能性や、水質管理が求められるため、より厳重に設置について検討する必要がある。

図 3-11　修景施設例：パーゴラ（藤棚）と水路

● 休養施設

　休憩所は計画される空間の規模により施設内容、規模が決定される。小さな公園の場合はベンチが設置される程度となる。都市部では、ベンチや休憩所は、居心地のよさを優先すると長時間利用し、寝てしまうような人もでてくるため、休息として座ることと、場所によっては作業が少しできる程度の利用で考え設置する。木製のものは肌触りがよいため利用されることが多いが、経年変化で表面が荒れて利用者にけがをさせることもあるため、適切な管理が必要となる。

図 3-12　寝ることができないような　　　　図 3-13　四阿
　　　　工夫があるベンチ

　四阿（あずまや）は突然の雨や、夏期の日差しを遮るために利用頻度は高いが、照明を設置しないことが多いため、夜間や曇天のときは暗い雰囲気の施設になってしまう。そのため、人の目につきやすい場所、利用しやすい場所に設置するよう対策をとる。

● 遊戯施設

　公園の規模や主な利用者像により導入する施設が変わる。滑り台、ブランコ等の単体の遊具は小規模の公園に、滑り台と渡り橋等が組み合わされた大型遊具は中規模から大規模の公園に設置する。遊具を設置する場所だけでなく、子供が動きまわるための空間や、遊具を利用する子供達が待つ場所等の空間を十分に取っておく必要がある。砂場はペットや野良猫等の糞尿で汚

されることもあり、管理が難しい部分もあるが、創造をはぐくむ遊具としては
重要な施設である。

（a）滑り台

（b）ブランコ

（c）大型遊具

図 3-14　様々な遊具

● 運動施設

　運動施設は計画する公園の内容に合わせる。小規模な公園では、ボールを
使う競技場を設置するかどうかで、公園周囲にネットを配置する必要がでてく
る。設置するネットは、野球やソフトボールは高く、サッカーは低くなる。競
技に応じて舗装部にラインやマーク等のしるしをつける。テニスコートを設置
する場合は、舗装仕上げを全天候型のものにし、水はけのよい形にする。テ
ニスやバレーボールのように中央にネットを設置する競技の場合は、ネットを
かけるポールを立てる穴を設置する等、競技によって用いる器具のスペース等
を確保しておくこと。

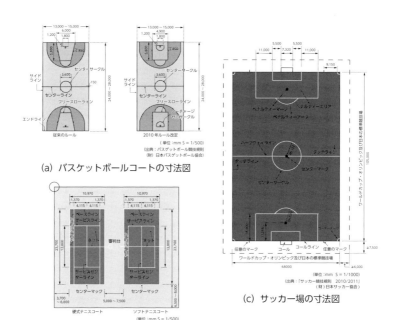

(a) バスケットボールコートの寸法図

(b) 硬式・軟式ソフトテニスコートの寸法図

(c) サッカー場の寸法図

図 3-15　主要なコートの寸法
※（財）バスケットボール協会 資料・（財）日本体育施設協会 資料・
（財）日本サッカー協会 資料などを元に著者が再構成したものです。

● **教養施設**

　動物小屋は設置とその設置位置について、周囲に影響がある音、臭いという管理面での安全と衛生面が重要になるため、設置については十分な協議が必要な施設である。観察小屋は日本では主に鳥類が対象になるが、人がよく観察できるところに設置すると鳥達に近づき過ぎて却って鳥に警戒されてしまうため、望遠鏡等で観察できる程度の距離をとり、鳥からは目立ちにくい施設とする。

　屋外ステージや劇場も動物小屋と同様に音が問題になるため、設置位置に配慮しなければならない。管理動線として機材の搬入路、短時間に多数の人が出入りするときの動線も確保する必要がある。また、電源等の設備も必要となることに注意したい。

図 3-16　屋外ステージ

● 便益施設

　トイレは公園の規模により設置するかどうか検討が必要。男女別のほかに多目的トイレを設置する。設置位置は周囲から見やすいところ、暗がりにならないところがよく、誰もが出入りしやすく、何かあったときに逃げやすい構造にする。

　水飲み場は安全、衛生の面から周囲からよく見える位置に設置する。児童が遊具のように利用し、破損させることが多いため、修繕しやすいもの、管理しやすいものとし、バリアフリー対応とする。

　売店は中規模以上の公園に設置されるが、見やすい位置に設置し、物品搬入のための通路を設置する。

　サインは、主要園路の導入部、岐路に設置する。目立つことが重要な半面、目立ち過ぎると煩雑な印象を与えるため、サイン板の色、文字の大きさ等の検討が重要である。

● 管理施設

　公的な公園は通常門扉等を設けないが、水関係の施設がある公園や、周囲の環境（歓楽街等）によっては設置するかどうかを検討する。敷地境界等に設置するフェンスについては、管理がしやすい材質とどの程度隣地との分離をするかで高さと透過性が決まる。隣地の住民等がプライバシーを確保した

い場合は高さは 1.8 m以上で目隠しがあるようなものにする。運動施設が設置される場合は、ボールが外にでないように高くする。

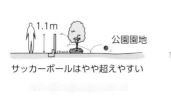
サッカーボールはやや超えやすい

サッカーボールやテニスボールは超えにくい

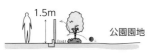
サッカーボールはやや超えにくい

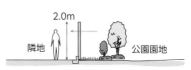
野球、ソフトボール以外のボールは超えにくい。
また、人の侵入を防ぐ防犯上の機能ももつ

図 3-17　フェンスの高さの検討図

　植栽の灌水や清掃のために適宜、散水栓を設置する。水遣りホースの延長で管理しやすい長さの 20 mを限度として検討する。

　ゴミ箱については不審物の混入、家庭ゴミの投棄、カラス等の鳥類が荒らす等の問題があるため適切な管理ができる場合は導入するが、小規模公園の場合は設置しないという選択もある。設置するならば、管理しやすいように管理通路に近いところがよい。自治体によってはゴミが分別できるように複数個設置する。ゴミ箱の構造としては、雨水が浸入しない、あるいは水が流れやすい構造がよい。大規模な公園ではゴミの集積所を設置する必要があるが、周囲への臭いが問題になるため、近隣の住宅とは離れた位置とする。

　駐車場や駐輪場は公園規模と利用者の住まいとの距離で設置するかどうか、その数量について検討する。通常、広さは車は 2.5 m×5.0m、自転車は 0.5 m×2.0 mが標準となる。設置場所は道路からのアクセスが問題になるが、車の往来の多い道路には出入口を設置すると交通に支障がでるため、横断歩道、信号等の設置も検討しながら関係機関との調整が必要である。車止めは園路では車・自転車等の侵入を制限するために設置するが、車いすが利用で

きるような部分も検討する必要がある。

　照明は園路や施設がわかるよう、暗がりがなくなるように設置する。明りの部分はガラス等の壊れやすい部分であるため、自転車や人、ボール等がぶつからない位置にするか、あるいはガードをつける必要があるが、高くすると器具を使って電球を交換する等の手間もかかるため管理のしやすい位置にすることも重要である。

ポール型　　ライトアップ型　地中埋込型　　　　　庭園灯型

図 3-18　照明施設種類

　以上のような施設については、それぞれの空間の用途と規模に合わせて検討が必要になる。

図 3-19　ライトアップされた樹木

Chapter 4

様々な
ランドスケープデザイン

　ランドスケープデザインの範囲は 3 章で述べたように広場や園路の
デザインから、四阿 (あずまや)、便所等の建築・工作物、サインや照明、
緑地・植栽等、範囲が広い。

　本章では、緑地・植栽を用いたランドスケープデザインについて、
その計画の手法を空間別に整理していく。

4-1 地域計画

　街、地区等、広範囲にわたり緑の空間整備の方向性を策定することは、将来に向けて気温緩和、空気清浄、生物の誘致等の環境を良好に改善することや保持することにつながる。また、緑地広場は災害時の避難場所としての機能を持ち、街路樹、緑道は延焼防止にもなることから災害に強い街を作ることになる。

　都市部は既存の地域計画や条例があり、各自治体では街以上のスケールで都市計画マスタープランや緑の基本計画等を策定し、緑環境の指針をまとめている。それらの基本方針により、主に首都圏では緑化の条例を設けて、緑環境の保全や倍増を達成できるようにしている。それより小さい単位では地区を限定して景観や緑について条例を作ることもある。

　地域計画における緑空間のランドスケープとしては以下のことが目標になる。

- 現状認識：現状の緑の把握
- 緑の保全：緑をどう保全していくか
- 緑の良好な緑をどう作っていくか
- 景観としてどのような緑を取り入れていくか
- 緑の管理

以下、これらの目標を実践するための方針や手法をまとめる。

4-1-1 自治体における緑の取組み

　各自治体では環境保全へ積極的に取り組もうという高まりがあり、緑の方針や条例等が作られている。それらの有無、内容により地区計画でどのように緑を取り入れていくかを検討しなければならない。

● 都市計画マスタープラン

　都市計画マスタープランとは、市町村や都道府県で将来どのような都市を

作っていくかについてまとめたものである。基本方針は、各自治体が住民の合意形成を図りつつ、地域固有の自然、歴史、生活文化、産業等の地域特性を踏まえ、創意工夫に富んだ特色ある内容とするものである。また、都市計画とは違い概略を内容とするものであるが、都市計画の基本的な方針であるため、都市計画法上の都市計画の基本理念および都市計画基準にしたものとなっている。

図 4-1　港区の都市計画マスタープラン

図 4-2　港区緑の基本計画

● 緑の基本計画

　国土交通省では緑の基本計画について「市町村が、緑地の保全や緑化の推進に関して、その将来像、目標、施策などを定める基本計画である。これにより、緑地の保全及び緑化の推進を総合的、計画的に実施することができる（都市緑地法第 4 条）」としており、策定主体は市町村、策定には住民の意見を反映すること、計画は公表するようにとしている。基本内容は以下の 2 つである。

- 緑地の保全および緑化の目標
- 緑地の保全および緑化の推進のための施策に関する事項

＜緑化条例等＞

　首都圏の各自治体では、規模の大きな開発について緑を保全・倍増するために敷地の面積に対して緑地を確保するようにしており、開発、建築の計画を申請する際に、同時に緑化の計画書を提出するように決めている。緑地面積の確保とともに樹木の数量についても細かく指定している自治体もあり、緑地の減少を食い止めようとしている。

図 4-3　東京都の緑化の手引き
(https://www.kankyo.metro.tokyo.lg.jp/nature/green/plan_system/guide.html)

4-1-2　方針の決め方

　自治体等で方針がある場合はそれらの緑に対する方針、条例等を考慮し2章で述べた基礎調査を行い地域全体の自然環境、人文・社会環境を把握する。
　特に地域計画では地域の緑地状態を把握することが重要である。緑地状態を把握する項目としては

- 緑地分布状況：自然緑地、公園、緑道、街路樹、畑・田、果樹園
- 現況植生、潜在自然植生
- 貴重な植物、生物

等が方針を作るうえで重要になる。

　基礎調査から、緑の保全、育成、活用、流用について、また景観を構成する要素としてどうするかを決めていく。

　例：緑のあまり残されていない開発部

- 少ない緑を保全するための方針
- 緑を新たに増やす方針
- 緑を活用した街づくりの方針
- 緑の景観の理想形の方針

　例：緑のある郊外の緑地

- 緑を保全するための方針
- 緑の育成と活用
- 緑の重要性の発信

4-1-3 具体的案と表現方法

　基本方針に沿い、具体化するための案や、その表現方法については以下の方法がある。

● 緑のネットワーク

　現存緑地のうち、田畑等の刈り取り後、緑がなくなるものを除き、年中緑が存在する公園の植栽部、緑地、街路樹、緑道を地図上にプロットし、地区の緑の現況図を作成する。個々の緑地や街路樹が単体で完結する形ではなく、それぞれの緑がつながる（ネットワーク）ように、重点的に緑を配置できる箇所について検討したうえで緑整備地域としてプロットし、緑のネットワークを把握する。

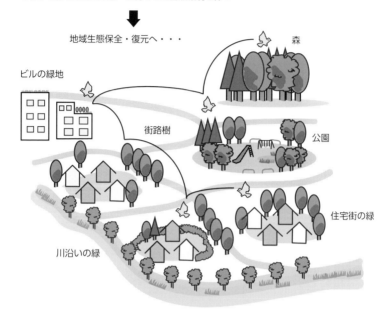

つながる緑で生物が生息・生育できる自然環境を保つ

地域生態保全・復元へ・・・

ビルの緑地

森

街路樹

公園

住宅街の緑

川沿いの緑

図 4-4　緑のネットワーク

● エリア別の緑の保全および育成手法の提案

　樹木が多くある森と、池や水路等の水辺では緑としてとらえる植物や動物、保全、親しみ方が変わってくる。緑の内容に応じて保全する、または育成していく方法を提案する。

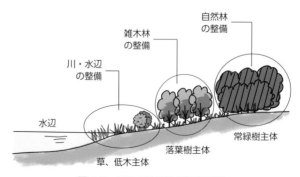

自然林
の整備

雑木林
の整備

川・水辺
の整備

水辺

常緑樹主体

落葉樹主体

草、低木主体

図 4-5　エリア別の緑の提案図例

● 緑視景観の提案

　ネットワークやエリア別の整備手法は、どちらかといえば上から平面的にとらえて提案する部分であるが、これらは目線（アイレベル）での提案とはなっておらず、具体的に緑を取り入れた状況がわかりづらい。視線に入る緑（緑視）にポイントをおき、緑の見え方について詳細かつ具体的にわかるように、整備の手法を平面図のほかに断面図、パース等を使い表現する。また、それらの図に具体的な寸法を記入し、数量化することでより実践的な緑の空間作りを提唱できる。

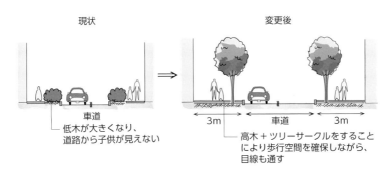

現状　　　　　　　　　　　　　　　　変更後

車道
低木が大きくなり、
道路から子供が見えない

3m　　車道　　3m
高木＋ツリーサークルをすることにより歩行空間を確保しながら、目線も通す

図 4-6　断面図による提案例

● 緑を保全し増やすための手法

　自治体等で基本方針を作ったとしてもそれを実行する人がいなければ何もならない。基本方針は重要だが、現況に対し何かをしていく場合は、同時に新たに緑を保全し活用する人を育成していく必要があり、既存の市民団体と協議を行う新たなグループ、指導者を作っていく仕組みが必要となる。例えば

- ワークショップの開催
- ガーデナーの育成
- 緑地関係保全倶楽部の設立
- NPO 支援

等が挙げられる。

● 地域の人々によって復元された例：南大塚都電沿線協議会のバラの散歩道

　以前は都電のフェンスに沿った緑地帯がほとんど整備されずに雑草やゴミ
で覆われていた。およそ二十年前に豊島区によって植えられたバラを元に一部
の有志が整備を行いはじめ、それが地域の人々にも徐々に広まり、現在では
バラの名所となっている。豊島区からの支援も受けながら活動を続けており、
植物園にも劣らないバラ園となっている。

図4-7　大塚バラ祭りのポスター

図4-8　都電線路沿いのバラ

● 地域の人々によって整備された例：日本橋はな街道

　日本橋はな街道とは、名橋「日本橋」保存会・日本橋地域ルネッサンス
100年計画委員会が周辺町会の協力の下、国土交通省東京国道事務所と官民
パートナーシップで行った地域の美化活動である（NPO法人はな街道HPよ
り）。沿道地域の住民・企業が「沿道フラワーボランティア」として花壇の維持・
管理に参加している。

　はじめは社会実験としてスタートしたが、街の美化に貢献したと評判になり、
活動を継続するために「はな街道」実行委員会を組織化し、国土交通省東京
国道事務所と協議した結果、新たに「中央通り「はな街道」フラワー・サポー
ト・プログラム」を実施することにし、平成18年4月3日より特定非営利活
動法人(NPO)はな街道の認可を受けた。花を提供するフラワーサポーター(花

奉行)、花に灌水するフラワーボランティア(水奉行)を募り植栽帯の管理を行っている。年間を通し、清掃、植替え等の活動を近所の小学生等にも参加を促しながら行っている。

図 4-9　日本橋はな街道

4-1-4　今後の課題

　地区計画における緑のランドスケープデザインは、扱う題材の緑や生物が経年変化するため、五〜十年の期間が経過したところで、その地区の人口の増加の具合や高齢化の推移、開発地域の拡大・縮小等による変化と合わせて見直しを行う必要がある。計画はデザインの出発点であることを認識することが大事である。

4-2 ｜ 街路計画

　街路計画において新設あるいは改修される緑のランドスケープデザインは、街路樹が主であり、それ以外は季節で植替えを行う花壇やプランター等がある。また、緑を多く配置し歩行者や自転車に利用を特化した緑道計画も街路計画のひとつとなる。街路樹、緑道は、火事が起こった場合の延焼防止に役立ち、鳥や虫等の飛翔動物の住処を誘導する都市部の生物の生息に欠かせない緑地にもなる。

このように街路緑化の機能としては以下の 6 つが挙げられる。

① 景観向上機能

② 生活環境保全および向上機能

③ 緑陰形成機能

④ 交通安全機能

⑤ 自然環境保全機能

⑥ 防災機能

街路計画における緑空間のランドスケープとしては以下のことが目標になる。

- 景観としてどのような緑を取り入れていくか

- 緑の量をどうするか

- 管理をどのようにするか

これらの目標を実践するための方針や手法をまとめる。

4-2-1 街路の構成要素

　街路の設計については、都市計画の担当や土木の道路計画の担当と協議の上、用途地域あるいは現状の街の状態をみながら車両や歩行者の交通量を計測あるいは推察し、それぞれの街路の特性を考慮し、街路の幅員や、構成要素を決定する。街路の構成要素としては基本となる舗装のほかに、施設としては街路樹、車止め（ボラード）、街灯、サイン、電線を地中化した場合は地上変圧器が基本となる。なお、場所によっては、バス停、ベンチ、くず入れ、オブジェ等の修景施設、水飲み等がある。これらの施設と街路がどのように関わっていくかで街路樹の形態、種類が決定される。歩道の幅員は 1.5 m 以上とし、植栽帯の幅員としては 1.5 m 以上を確保したいが、実際は低木・地被であれば幅員 0.2 m でも植栽が行える。車道幅員が大規模に取れる場合は、車道中央部に植栽帯を設ける場合もあり、そのときは幅員 1.5 m 以上を確保する。

図 4-10　銀座のヤナギの街路樹
街路樹の発祥地である

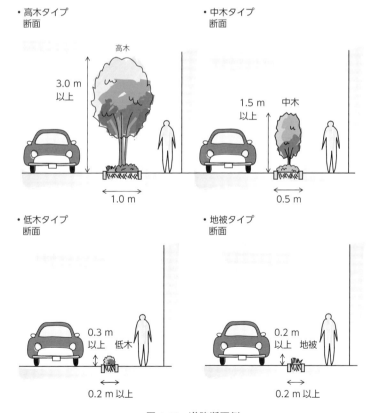

図 4-11　道路断面例

4-2-2　街路樹計画

● 設置場所

　車道と歩道の境界に歩道スペースがとれて、それ以上に植栽帯がとれる場合には街路樹が配置される。片側にしか歩道をとれない狭い道路では街路樹はほぼ設置されない。通常、街路樹は歩道と車道の境界に設置される。片側三車線あるような大規模な道路の場合は上り車線と下り車線の境界の中央分離帯に植栽地が設置される場合もある。

図 4-12　車道と歩道の境界部と中央分離帯に
設置された街路樹（環状 7 号線）

　また、自転車は車道の左側を通行することが原則であるが、車道内に自転車道と設けず歩道とともに設置する場合に、境界に緑地を設ける場合もある。

図 4-13　歩道内自転車専用道（世田谷区）

· 断面図

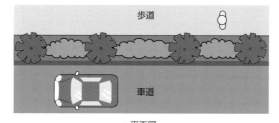

· 平面図
(a) 車道・樹木・歩道の関係

· 断面図

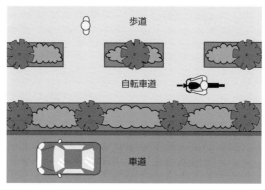

· 平面図
(b) 車道・自転車・歩道の関係

図 4-14　歩道断面例

4-2-3　植栽帯の幅について

　日本道路協会では、植栽帯との幅として 1.5m 以上を推奨している。しかし、幅 1.5m 以上の歩行空間を確保すると植栽帯を幅 1.5m も取れないところが多いのが現状である。植栽を高木（高さ 3m 以上の樹木）にする場合は植栽桝として幅 1.0m 程度は確保したいが、三十年ぐらい前に整備された歩道では表 4-1 の最低の基準の 76cm で植栽されているものも多く、三十年を経て樹木が大きく成長して、根が張り出し、歩道を凸凹にして問題になっている。

図 4-15 ケヤキが成長し歩道の植栽桝を破壊している

　低木（高さ 0.3m 以上の樹木）、地被（高さ 2.0m 程度の宿根草、低木、ツル植物）だけを植栽する場合は、幅員 2.0m 以上であれば植栽可能である。東京都では、狭い歩道の場合は、立体緑化としてフェンスをツル植物で緑化する手法も取り入れている。

図 4-16 低木（サツキツツジ）だけ植栽された歩道

図 4-17　ツル植物をフェンスにからめた植栽帯

　以下の図は、高木～地被までの植栽幅員の標準東京都建設局編集道路工事設計基準図で、高木の植える位置を示している。

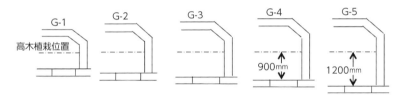

図 4-18　歩道植栽帯の高木植栽位置図

表 4-1　歩道植栽帯の高木配植形式

植樹帯	植樹幅員	配植形式
G－1	0.76m	高木（街路樹）のほかに低木の連続植潰し植栽を原則とするが、芝等の地被類と低木の寄植えの組合せとすることもできる。なお、中木は視界の妨げになるところや防犯を考慮する必要がある場合を除き、植栽することができる
G－2	1.06m	
G－3	1.37m	高木（街路樹）のほかに芝等の地被類と低木の寄植え、群植、植潰し、あるいは中木も加えて多層の植栽とすることができる。また、模様植え、刈込みによる造形なども取り入れ、規則的、自然的いずれの配植とすることもできる
G－4	1.67m	
G－5	1.97m	高木（街路樹）により将来十分な緑量を確保できるよう留意した配植とする。落葉および常緑の高、中、低木を配植し、芝等の地被類とともに多様な配植形式とすることができる

4-2-4 高木の植栽間隔

　高木を街路樹として設置する場合、高木と高木の間隔（ピッチ）は 6 〜 8m
となっている。樹木をどの程度の大きさまで育成させるかによってピッチに大
きく関係してくる。ケヤキやサクラのソメイヨシノのような成長も旺盛で樹高も
高く、横に葉を広く茂るタイプはほぼ樹高と葉の茂り（葉張り）が同値になる
ため、樹高をどこまでにするかを検討する必要がある。ケヤキの大木の並木
で有名な表参道はケヤキがゆったりと成長するように、一部ピッチが 15m に
なっている。一方、7 〜 8m のピッチにあうような、ケヤキのなかでも葉が横
に広がらないムサシノケヤキという品種が使われることも多くなっている。サク
ラ類も横に広がるものが多い中、アマノガワザクラ（天の川桜）は横に広がら
ず縦方向に枝が伸びることから街路樹で使われるようになった。

図 4-19　アマノガワザクラ

表 4-2　車線数と樹高（高木完成時）の関係

道路の片側車線数	樹高(完成時)	注意点
三車線	8 〜 10m	高木高さは車道片側幅員程度
二車線	6 〜 8m	樹形が細長いタイプを選定するとよい
一車線	4 〜 8m	高くならない小高木タイプで選定

表 4-3　樹間距離標準と枝張りの標準

樹形 項目 樹高	卵形 (2~3/1)	円錐形 (2.5~3/1)	楕円形 (3~4/1)	盃状形 (2.5~3/1)	傘形 (1.5~3/1)	ヤシ形 (2~3/1)
樹間距離標準 4~6m	4~6m	3~6m	5~8m	5~8m	5~8m	4~8m
6~8m	5~8m	5~8	4~8	7~10	7~10	6~10
8~10m	6~10	5~10	9~13	9~13	9~13	8~13
10m以上	7以上	6以上	11以上	10以上	10以上	10以上
樹高と枝張り 6.0m	3.0m	2.5m	－	2.5m	4.0m	－
5.5m	2.5	2.0	－	2.0	3.0	－
5.0m	2.5	2.0	1.5m	2.0	2.5	2.5m
4.5m	2.0	1.5	1.2	1.5	2.0	2.0
4.0m	1.5	1.5	1.0	1.5	1.5	2.0
3.5m	1.2	1.2	0.9	1.2	1.2	1.5
3.0m	1.0	1.0	0.8	1.0	1.0	1.2

※国土交通省中部地方整備局道路設計要領より

4-2-5　植栽の構成

　前述しているように、街路の場合の植栽地は道路と並行に連続する帯状の植栽帯とすることが多い。幅員を大きく取れる場合は、緑豊かな空間を作るために、高木、中木、低木を組み合わせて植栽を行う。

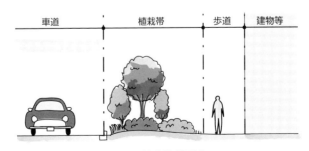

図 4-20　植栽帯断面例

79

　歩道空間が狭く、比較的歩行者の往来の多い場合は専有面積が必要とされる帯状の植栽帯を設置せずに、樹木の際まで歩行可能な樹木保護材（ツリーサークルともいわれる）を設置する場合もある。注意点としては、交差点付近や、車の出入りが多い駐車場付近は歩行者と運転者の視界を遮らない程度の植栽ボリュームとする。

図 4-21　ツリーサークルを使用した歩道断面例

4-2-6　樹種の選定

　数年前までは街路樹の流行はハナミズキだった。その理由は春に花、秋に紅葉と実が楽しめるため観賞植物として優れていることと管理が比較的楽なことである。管理の点では、葉の付き方が比較的粗く落葉が少ないこと、大木に成長しないため剪定する必要があまりないこと、サクラ類に比べ病虫害が少ないことが挙げられる。しかし、近年はウドンコ病等の病気になることが多く、良好に成長しないことで問題になっている。このように樹種の選定については、以下の項目がポイントとする。

- 管理が比較的楽なもの（病虫害の発生が少ない。剪定回数が少ない。葉・花の落下数が少ない）
- 観賞に堪えるもの
- 乾燥に強く、大気汚染に耐えるもの
- その地域に歴史的や文化的になじみのあるもの

図 4-22　ハナミズキの街路樹（港区）

表 4-4　東京都内で街路樹として使われる主な植物

	常緑樹	落葉樹
高木	イヌマキ、ウバメガシ、クロガネモチ、クロマツ、クスノキ、シマトネリコ、シラカシ、タブノキ、ヤマモモ	イチョウ、アオギリ、ケヤキ、コブシ、シダレヤナギ、ソメイヨシノ、タイワンフウ、トウカエデ、ナナカマド、ハナミズキ、プラタナス、モミジバフウ、ユリノキ
中木	イヌツゲ、キンモクセイ、サザンカ、ツバキ類、トキワマンサク	ムクゲ
低木	アベリア、キリシマツツジ、サツキツツジ、シャリンバイ、トベラ、ハマヒサカキ、ヒラドツツジ	アジサイ、コデマリ、シモツケ、ドウダンツツジ、ユキヤナギ、レンギョウ
地被	オタフクナンテン、フッキソウ、ヤブラン、ヤブコウジ、リュウノヒゲ、カロライナジャスミン、スイカズラ、テイカカズラ、ヘデラヘリックス	コウライシバ、ノシバ、ヒメコウライシバ

4-2-7 街路植栽以外について

　街路の緑地として植栽帯を設けることは環境や安全に効果があることはわかるが、管理や建物の景観を優先させるために植栽帯を設置しないという考え方もある。まったく緑をなくしてしまうことも考え方のひとつだが、管理できる範囲で行えるように、市民が参加できる仕組みを作ることにより、花壇やプランターで構成された街路植栽も出現してきている。

　なお、花壇やプランターは乾燥しやすいため水遣り管理が大変なのと、花が終わったらその殻を摘み次に花がつきやすいようにしないといけないため、こまめな管理が必要なことから、常時設置せずに、季節限定や管理を市民や民間に委ねる必要がある。花壇やプランターのほかに、ハンギングバスケット等を利用したものもある。

図 4-23　丸ノ内仲通りの歩道に設置されたプランターとベンチ

4-3 | 広場

　広場には駅前広場、公園等の広場、街中の街路広場等がある。新設、あるいは改修される広場の緑のランドスケープデザインは、広場機能に支障がないような緑地づくりが望ましい。機能としては

① 　景観向上機能

② 　緑陰形成機能

③ 　自然環境保全機能

④ 　防災機能

の4つが挙げられる。

　広場は不特定多数の人が集まることが多いため、緑空間のランドスケープとしては景観としてどのような緑を取り入れていくか、管理をどのようにするのかということを考えなければならない。

図 4-24　ワテラスの広場

4-3-1 広場の機能と緑

　広場では休憩（観賞、待合せ、休息）、イベント、運動等が行われる。運動やイベントが行われることが多い広場には緑がたくさんある必要はない。運動をする人と通過する人とを分断するためや、休息のための日陰になるような緑陰樹の設置が望まれる。しかし、花見広場のような緑を目的とした場合は積極的に緑を設置する。

図 4-25　花見広場（福島県三春町）

4-3-2 緑陰を作る

　集まる人と通過する人との境界を作る緑に関しては、4-2 節「街路計画」を参照していただきたい。日照の厳しい夏は人が集まる場合は日陰となる緑が必要となる。四阿のような工作物で日陰の場所を作ると、冬場の日差しが欲しいときには邪魔になるため冬に葉を落とす樹木で緑陰を作ることは非常に効率的である。このような緑陰にするためには、落葉樹であることが条件となる。また、人がその樹の下に入り込むため、下枝のない大木であることが重要となる。

　緑陰樹に適した樹木は、エノキ、ケヤキ、ハルニレ、プラタナス、ムクノキ、ヤマザクラ等である。

図 4-26　緑陰樹になるエノキ

4-3-3 芝生広場

　舗装面が温度上昇せずに、気候を温暖にし、酸素を供給し、生き物の生息地にもなる芝生は積極的に取り入れたい広場のひとつである。近年は、小学校の校庭等を芝生広場にするところも増えてきているが、管理が常に問題になる。地面の仕上げがシバという植物のため利用や管理に考慮すべきことが多くある。シバは日当たりがよく、水はけのよい環境を好むため、芝生広場を設置する場所の条件は

- 終日日当たりのあるところ (少なくとも一日に 5 時間以上)
- 土壌の水はけがよいところ (ダメな場合は改良をする)
- 人が頻繁に通行するところは避ける

が挙げられる。

　サッカー場や野球場のように芝生の運動場があるが、これは常に芝生を入れ替える、養生するほど入念な管理を行っているためあのような緑の芝生を維持できる。公共の空間のように頻繁に人の出入りがある場所に芝生は向かない。通行部分はしっかり分離して考えるほうがよい。芝生は水を吸収するよ

うに思われるが、強い雨になれば吸収するのに時間がかかるため、表面から水がはじかれるように流れる。そのため水が芝生面にたまらないように勾配をつけて広場を設置する必要がある。また、芝生を設置した直後は養生する必要があるため、施工後三〜六カ月は人が踏み入れないようにする。

芝生には日本芝と西洋芝があり、日本芝は冬に葉が枯れてしまう夏型芝で、西洋芝は冬に葉が枯れてしまう夏型と冬に葉が茂る冬型がある。

図 4-27　長岡市民防災公園の芝生広場

表 4-5　代表的なシバの特徴

	季節の成長タイプ	植物名	特徴	利用可能地域
日本芝	夏型	コウライシバ ヒメコウライシバ	寒さにやや弱く、一般的に公園で使われる	関東以南
		ノシバ	日本に自生するもので丈夫	南東北以南
西洋芝	夏型	バミューダグラス	世界の暖地でよく利用される。生育が旺盛	関東以南
		セントオーガスチン	沖縄地区等のかなり暖かい地域に向く。葉が大型で粗い印象	関東〜関西南部、四国〜九州沿岸部、沖縄、小笠原諸島
	冬型	ケンタッキーブルーグラス、ベントグラス、トールフェスク	耐寒性強く夏季に暑くならなければ1年中緑を維持できる	北海道〜関東北部以北

4-3-4 | 花見広場

　花を楽しむ場合、サクラやウメ等の花をつける植物は日照を好むため、日当たりのよい場所に設置しなければならない。花見広場の花といえばサクラがいちばん標準的だろう。サクラはソメイヨシノが一般的だが、北海道ではエゾヤマザクラ、沖縄ではヒガンザクラというように地方によって違っていることに注意。

　ウメのような小ぶりの高木を楽しむときは 3 〜 5m ピッチで、ソメイヨシノのように大きな高木を楽しむときは 10m 前後のピッチで植える。最初から大きな樹形のものを入れられない場合は 5m 前後のピッチで植え、後に間引くようにする。地面の仕上げは土のままか、芝生のような雨水を吸収しやすいものがよいが、歩行空間の確保や管理の面から、コンクリートやアスファルトの仕上げにする場合は樹木が十分に水を吸収できることと、歩行者や自転車等が根を傷めないような工夫が必要である。

図 4-28　砧公園のサクラの花見季節の風景

4-3-5 | 駅前広場

　駅前広場では交通に関係するバス乗り場、タクシー乗り場、一般車乗り場等が主な施設で、これらをつなぐ動線を空間化することと、多数の利用者が

集まるイベントのときに利用する広場や待合せスペースがある。緑のランドスケープとしては施設や広場を彩り、その街の緑の顔になるような緑の空間を作る必要がある。夏期は日差しを遮る緑陰樹としての機能をもたせることもある。街の顔となるためにも、その街の環境、文化を象徴するような樹種を選ぶことと、管理の手間のかからないものが要求される。植栽帯は動線に近接する場合は、歩行や車に支障がでないように、通路に利用される部分では下枝のない高木を利用する。休憩スペースや待合せスペースでは目線でも緑が楽しめる空間を作るようにすると居心地のよい駅前広場となる。最近では市民が手入れをする花壇やプランター等も配置されるようになり、春から秋まで彩りのある空間ができているところもある。

図 4-29　市民が花の手入れをする溝の口駅前

4-3-6 運動広場

　運動広場の設置場所は人が多く集まり、活発に動くことから騒音が発生しやすいため、住宅街や病院等の静かな環境を必要とする場所に近接させないようにする。また、近接する場合は緩衝ゾーンとして緑地帯を設けるようにする。運動がメインになる広場のため、運動場に葉が落ちて運動に支障がないように、運動をする部分には緑はほとんど必要とされない。ただ、その運動広場とそれ以外の部分をわける境界の緑や、休憩スペースとしての緑、グラウンドとしての芝生の緑がある。境界としての緑は、落ち葉が少なく、また、物があたっても簡単に折れないようなしっかりとした常緑樹主体で作るようにする。

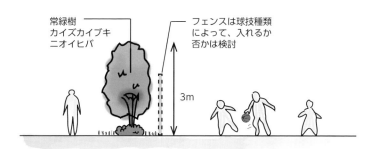

図 4-30　運動場の境界断面例

表 4-6　運動広場の境界に使える主な常緑樹

	植物名
高木・中木	カイズカイブキ、ニオイヒバ、アラカシ、イヌツゲ、ウバメガシ、カナメモチ、サンゴジュ、シラカシ、マサキ
低木	シャリンバイ、トベラ、ハマヒサカキ、ヒラドツツジ

　休憩のための緑は 4-3-2 項で述べた緑陰樹を設置すればよい。

　グラウンドとしての芝生広場は葉と根を育成する養生期間が必要となり、厳重な管理がされることで維持できる。利用が頻繁となる場合は芝生広場としないほうがよい。

＜通年を緑のグラウンドで仕上げる工夫＞

　サッカーの公式試合で使われる競技場の芝生は通年を通して緑を維持するために、夏型芝と冬型芝の両方を植えている。夏型芝が終わる少し前に、オーバーシードといって冬型の芝の種をまき冬に夏型芝が枯れても冬型芝の緑がでるようにする。このオーバーシードのタイミング、芝の刈る時期のタイミングが重要で、見極めるのが難しいといわれている。また、試合後はかなり芝生が痛むため、補修が必ず必要である。競技場はスタンドで囲まれていることから方向によっては影が落ちて芝生の育成が良好にいかないときもあり、そのような場合は比較的日照が足りなくても育つ冬型芝を多くする等の管理が行われている。

89

図 4-31　スタジアムの芝生

4-4 公共施設

　公共施設には、自治体の庁舎・ホール、公民館 (コミュニティセンター)、図書館、美術館・資料館、学校等がある。これらの施設の緑のランドスケープとしては利用者、管理者の動線を確保し、各施設の居室の利用を考慮した屋外の見え方・使い方を検討する。エントランス空間が重要な緑のランドスケープとなる場合が多い。機能としては施設の種類にもよるが、おおむね以下の 5 つが挙げられる。

　　① 　景観向上機能
　　② 　生活環境保全および向上機能
　　③ 　緑陰形成機能
　　④ 　自然環境保全機能
　　⑤ 　防災機能

　公共施設は不特定多数の人が集まることが多く、それらの人が平等に楽しめるように、緑のランドスケープとしては、景観としてどのような緑をどこに取り入れていくか、管理をどのようにするのかを考えることが重要である。

これらのことを踏まえ、各施設についての緑のランドスケープについて述べていく。

4-4-1　庁舎

建物周囲に緑地を作るが、メインはエントランス部分である。自治体を象徴するような木や花、緑化推奨している樹木や花をメインに植栽する。建物の高さや空間に合わせ、樹木の高さ、広がり、密度を計画する。イベント等を行う広場がある場合は、4-3節「広場」を参考にして市民が楽しむことのできる花壇や、休憩するための緑陰スペースを作る。

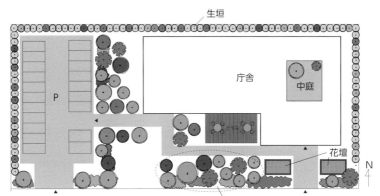

図 4-32　庁舎の緑地計画図

図 4-33　さいたま市大宮区役所

91

図4-34　区の木であるケヤキを植栽した世田谷区役所

● 市の木、市の花

　自治体では県の木、県の花、あるいは市の木、市の花を指定しているところが多く、街路樹や公園に積極的に利用している。

表4-7　主な自治体の木と花

自治体	木	花
東京都	イチョウ	ソメイヨシノ
群馬県	クロマツ	レンゲツツジ
埼玉県	ケヤキ	サクラソウ
神奈川県	イチョウ	ヤマユリ
藤沢市	イチョウ	フジ
千葉県	マキ	ナノハナ
長野県	シラカバ	リンドウ
静岡県	モクセイ	ツツジ
大阪府	イチョウ	ウメ、サクラソウ
京都府	キタヤマスギ	シダレザクラ
兵庫県	クスノキ	ノジギク
広島県	モミジ	モミジ
北海道	エゾマツ	ハマナス
福島県	ケヤキ	ミヤギノハギ

● 緑化推奨木

　東京都や神奈川県等の緑地の減少が著しい都心部では、建築物を新築す

る場合は緑化を十分に行うように指導している。その指導のひとつとして、どのような樹種を植栽するかをわかりやすくするために、推奨している樹木を掲げているところもある。自治体の施設には、庁舎をはじめ、その他の公共施設でこれら推奨木を積極的に利用し、地域の緑化に対する知識を広めようとしている。また、庁舎の屋上では、屋上庭園を作り、屋上緑化のモデル庭園を設置しているところもある。

表 4-8　神奈川県に適している主な樹木

高木	常緑	○アカガシ、アカマツ、○アラカシ、イヌマキ、◎ウラジロガシ、○クスノキ、○クロガネモチ、クロマツ、サワラ、◎シラカシ、シロダモ、スギ、◎スダジイ、タイサンボク、○タブノキ、ヒノキ、マダケ、○マテバシイ、モウソウチク、○モチノキ、ヤマモモ等
	落葉	アオギリ、アカシデ、アキニレ、イイギリ、イタヤカエデ、イチョウ、イヌシデ、イロハモミジ、エノキ、エンジュ、オオシマザクラ、カシワ、カツラ、クヌギ、クルミ、ケヤキ、コナラ、コブシ、シオジ、チドリノキ、トウカエデ、トチノキ、ハウチワカエデ、ハゼノキ、ハンノキ、ハルニレ、ヒメシャラ、フサザクラ、ブナ、ホオノキ、ミズキ、ミズナラ、ムクノキ、ヤマザクラ、ヤマハンノキ、ヤマボウシ、ユリノキ等
中木	常緑	イヌガヤ、ウバメガシ、カクレミノ、カナメモチ、サカキ、サザンカ、サンゴジュ、ソヨゴ、トウネズミモチ、ヒイラギ、ヒメユズリハ、モッコク、ヤブツバキ、ユズリハ等
低木	常緑	アオキ、アズマネザサ、アセビ、アベリア、イヌツゲ、オオバグミ、オオムラサキツツジ、キヅタ、キンモクセイ、クチナシ、サツキ、ジンチョウゲ、チャノキ、テイカカズラ、トベラ、ナンテン、ハクチョウゲ、ハマヒサカキ、ヒイラギナンテン、ヒイラギモクセイ、ヒサカキ、ビナンカズラ、マサキ、マルバシャリンバイ、ムベ、ヤツデ、ヤブコウジ等

(注)　◎印は神奈川県の推奨木
　　　○印は神奈川県の準推奨木

神奈川県公式ホームページ「みどりの協定実施要綱緑化基準」より作成

4-4-2　公民館・コミュニティセンター

　公民館は庁舎より小規模になり、緑のランドスケープとしての量は少なくなるが、市民利用が頻繁で街と密接につながるため、親しみやすい空間を作る必要がある。エントランス部分と屋外にひらけた部屋と屋外との関係をつなげて考える必要がある。住宅街に設置されることが多いため、隣地の住宅との境界は遮蔽を考慮する必要がある。

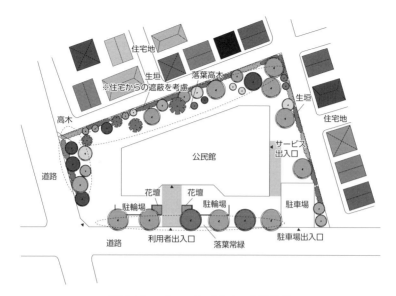

図 4-35　コミュニティセンターの植栽例
（武蔵野市八幡町コミュニティセンターをモデルに著者が一部改変）

4-4-3　美術館・博物館・資料館

　美術館、博物館、資料館は緑のランドスケープとしてエントランスが重要となる他に、屋外展示施設等もある場合があり、展示されるものとの関係を考慮する必要がある。屋内の展示品のなかには自然光を嫌うものもあるため、積極的に屋外との関係を作る必要はない部分も多い。中庭に植栽をする場合は工事動線と管理動線を考慮する必要がある。博物館や資料館は地域の歴史を語ることが多いことから、地域に縁がある植物を植栽するとよい。

● 地域に縁がある植物 (市の場合)

　市の木、市の花、市の産業に関係するもの (農作物関係)、市の天然記念物、市の保存樹等がある。

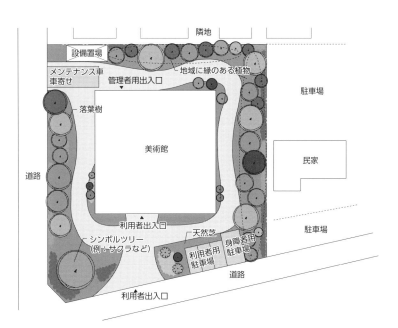

図 4-36　美術館の植栽例
（川越市ヤオコー美術館をモデルに著者が一部改変）

図 4-37　横須賀美術館

4-4-4 図書館

　小規模の図書館は緑のランドスケープとしてはエントランス部分を重点的に作り、道路境界や隣地境界を遮蔽、景観上緑化する。大規模な図書館では、飲食スペースやラウンジ等が屋外に開けるようになる場合があるため、庭的なしつらえや、緑陰スペースを作るとよい。

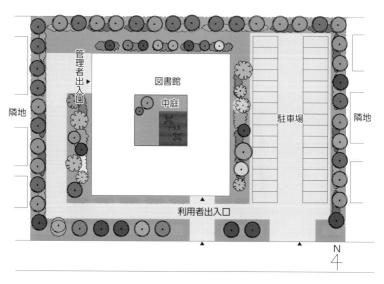

図4-38　図書館の植栽例

4-4-5 学校

　学校の緑のランドスケープは、隣地からの遮蔽効果というような機能的な部分と、授業に利用する教材的な部分と、皆で作り上げるコミュニティ的な部分と、入学や卒業等のメモリアル的な部分がある。それらの部分を動線と各教室との関係を考えて配置していく。

● 機能的な緑のランドスケープ

＜遮蔽効果＞

　学校はオープンに作ることもあるが、ある程度は周囲に対して囲い、防犯対策を必要とする。その際、周囲を塀で囲むというよりは、緑で囲うほうが地域への関係や環境についてもよい。隣地に住宅が迫っている場合は、覗き込みを防ぐことも必要であり、逆に女子高のようなところでは外から見えないようにすることも必要となる。密に遮蔽したい場合は常緑樹を利用する。人が入ることを警戒するには、高さは 2m 程度必要となる。目隠しだけであれば 1 階レベルでは 1.8m 程度でもよい。

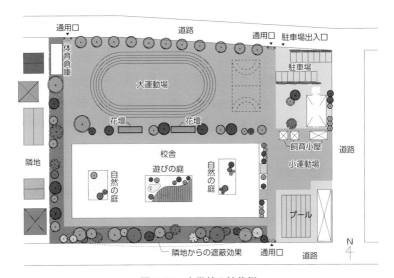

図 4-39　小学校の植栽例
（熊本県宇土小学校をモデルに著者が一部改変）

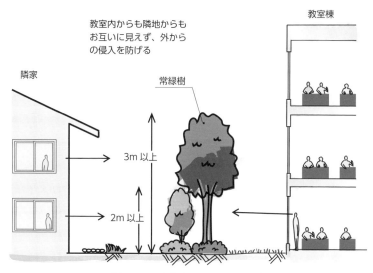

図 4-40　遮蔽効果の断面イメージ

＜西日の軽減＞

　各教室の開口部は教室を明るくするために南向きに設置されている場合が多い。夏季に日差しが強くなるとかなり教室内が暑くなるため、南側のところに落葉樹を植栽し、夏季の日照をコントロールする。高木を植えるだけでなく、校舎にロープやワイヤーを取り付け、ツル植物で緑化する壁面緑化を取り入れることもできる。

図 4-41　西側の高木植栽（宇土小学校）

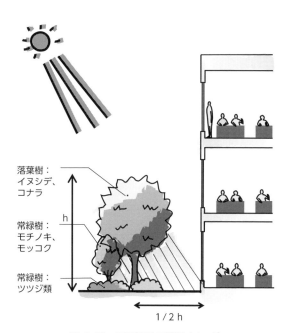

図 4-42　西日軽減の断面イメージ

＜防砂・防音＞

　グラウンドはダスト舗装等の土系の仕上げであれば乾燥した季節に風で土ぼこりが発生する。それを隣地になるべくださないように境界での緑の壁が防ぐことができる。また、子供の声や楽器音などの音が周囲に流れることも多くあるため、厚みのある緑で音を軽減させることもできる。

図 4-43　防砂効果の断面イメージ

● 教材的な緑のランドスケープ

　生物や理科といった教科は緑と関係が深い。実際に教科書に載っている植物を植栽することで生徒がより身近に緑を感じることができる。美術や技術では木材を使った工作も行われるため、材として利用できる緑を植栽するとよい。家庭科では食べられる植物を植栽すれば季節感を感じながら学ぶことができる。

表 4-9　教材的に利用できる緑

	植物名	用いる意味
生物・理科	イチョウ	雌雄異株の学習
美術・技術	スギ、ヒノキ、マツ	加工しやすく耐久性がよい
家庭科	カキノキ、カンキツ類	果実の観賞、食用

　また、植物には面白い名前がついているものも多いため、これをきっかけに植物に興味をもたせるということもできる。

表 4-10　面白い名前の樹木

常緑樹	落葉樹
アリドウシ、センリョウ、マンリョウ、サワラ、ゴンズイ、バクチノキ、バリバリノキ、ショウベンノキ、コバンモチ、モチノキ	イヌシデ、クマシデ、サルスベリ、タカノツメ、ナンジャモンジャノキ、ネコヤナギ、ニガキ、メグスリノキ

図 4-44　ナンジャモンジャノキとして有名なヒトツバタゴ（神宮外苑）

● 食育の緑のランドスケープ

　学校では植物を育てることが多く行われている。食べるものを作る菜園は

学年やクラスごとに行われていることが多い。そのためクラス教室周辺に菜園があることが望ましい。菜園はよく日が当たることが最低条件であり、日当たりのよい場所や屋上に設置する。ただ、学校には夏休み等の長期休暇があるため、夏を超える管理を必要とする種類を選ぶと不都合がある。そのため、夏休み前に一度収穫し、また夏休みが終わったあと育てて冬前に収穫できるような状態にするほうがよい。果物がなる果樹をまとめた果樹園は、種類を選べば菜園より手間がかからない状態を作ることができる。菜園や果樹は管理がポイントになるため、水遣りをするための水道施設や、作業道具や肥料等の資材を保管しておく場所、作業をして土で汚れた靴の洗浄等考慮する必要がある。

表 4-11　菜園に取り入れやすい野菜のリスト

	野菜名
春〜夏	イチゴ、エダマメ、カボチャ、クーシンサイ、コマツナ、ジャガイモ、シュンギク、スイスチャード、チンゲンサイ、トウモロコシ、ナス、ニンジン、バジル、ピーマン、ヘチマ、ミニトマト
秋〜冬	イタリアンパセリ、サツマイモ、シュンギク、スイスチャード、ダイコン、パセリ、ホウレンソウ、ニンジン

表 4-12　手入れの楽な果樹のリスト

	樹種名
常緑樹	キンカン、ナツミカン、ビワ、フェイジョア、ヤマモモ、ユズ
落葉樹	イチジク、ウメ、カキノキ、カリン、キウイ、ナシ、ブドウ類、ヒメリンゴ、ブルーベリー、ボケ、マルメロ、モモ、ユスラウメ

図 4-45　屋上菜園の写真 (アーツ千代田 3331)

101

● 学校ビオトープ

　生き物と植物、水、土の関係を示すものとしてビオトープがある。ビオトープの内容や作り方については後述するが、その設置場所は、学校の場合、比較的目につきやすいところがよい。ただし、生き物が生息するには頻繁に人が出入りする空間では警戒してやってこない場合もあるため、目につきやすく、出入り口のすぐそばに配置しないほうがよい。また、給食室、家庭科室等の食べ物を作る部屋に近いのも、きてほしくない虫もあるため離すようにする。

図 4-46　学校ビオトープの例

● メモリアルの緑

　学校には卒業式や入学式があるため、植栽としてサクラが使われることが多い。その際、サクラの種類はソメイヨシノが一般的であるが、ソメイヨシノは場所によっては早いところでは 3 月下旬、遅いところでは 4 月中旬に咲き、年によって咲く時期に差がでる。そこでソメイヨシノより早く咲くものや遅く咲くものも一緒に植栽しておけば、卒業式か入学式のどちらかに咲いているサクラが見られる状態を作ることができる。設置場所は日当たりのよいところであることが必須。ソメイヨシノやヤマザクラは条件が整えば 10 m を超す大木になるため、大きくなったときのことを想定し広い空間を確保する。シダレザクラはソメイヨシノより数段大きくなり、また樹齢が長く 200 年以上にもなることから、空間を十分取っておかなければならない。

表 4-13　主なサクラと花の時期

名前	花の時期	特徴
ソメイヨシノ	4月上旬（東京） 4月下旬（盛岡）	サクラの代表。葉がでるまえに花が咲くため、非常に花が目立つ。樹齢が90年といわれ比較的短命で、病気、害虫が発生しやすい
シダレザクラ	3月下旬（東京）	枝がしだれるサクラで別名イトザクラ。ソメイヨシノより早く咲く。花色の濃いヤエベニシダレは東京ではソメイヨシノより遅く咲く
ヤマザクラ	4月頃	山に自生するサクラ。花とともに赤い葉もでるためソメイヨシノよりやや地味な雰囲気になる。幹肌は樺細工、木材は建材やチップ等古くから利用されている
オオシマザクラ	3月下旬から 4月上旬	ヤマザクラの一種。花色が白く、他のサクラに比べ大気汚染、潮風に耐える
サトザクラ "カンザン"	4月下旬	八重の桜でいちばん色の濃いタイプで利用されることが多い
サトザクラ "ウコン"	4月下旬	八重の桜で花色が黄色がかった独特の色合い

図 4-47　大学構内の桜並木
（日本大学理工学部船橋キャンパス）

　学校では記念樹を植えたいという要望も多いため、そのための植栽空間を確保しておく必要がある。記念樹は毎年増えていくが、最初のうちは何もない空間となり寂しい印象となるため、卒業してからも訪れられる部分で、かつ、エントランス付近ではない空間に設置するほうがよい。

表 4-14　代表的な記念樹とその意味

イチイ	この木を高官が用いる笏（しゃく）の材料としたことから、位階の「一位」にちなんで名付けられた。木材は緻密で堅く、細工しやすいので、家具や彫刻に好適
エンジュ	中国では尊貴の木とされている。日本でコヤスノキとして、安産のお守りにされるのは、神功皇后がこの木にとりすがって応神天皇を産んだという故事による
マンサク	由来は枝いっぱいに花をつけるさまが「豊年満作」を連想させるとも、早春に花が「真っ先に咲く」からともいわれる。2〜3月、葉の出るまえに甘い香りとともに開花する
ユズリハ	若葉が伸びてから古い葉が散るため、あたかも葉を譲るように見えるためこの名がつけられた。親が成長した子に跡を譲るのにたとえた縁起木
コブシ	つぼみの形状が拳に似ていることからこの名がついた。幸福や幸運をつかむことを連想させ、縁起木とされている

4-5 ショッピングモール・商店街

　モール（mall）とは歩行者専用道のことをいうが、ここでは屋外で商店が連なったショッピングモールとアーケードのような覆いのない商店街を取り上げる。

　商店街のランドスケープというのはあまりピンとこないかもしれないが、休憩スペースや季節ごとの演出として植栽を活かしていく方向で考える。商店街は古くは江戸時代から続くものもあり、商店が道路をはさんで並んでいるのが一般的である。また、店ごとに経営者がおり、商店街としてまとまって自治を行っている。

　本節で扱うショッピングモールとは、沿道型の商業施設のことを指す。買い物を楽しむ人々の背景や周辺に花や緑が存在すると潤いと安らぎのある空間となる。街路樹は控えめにするが季節で植替えを行う花壇やプランター、古い街並みでは花鉢や花瓶等を配置する。緑を多く配置した休憩所は商店街やモールのオアシスとなる。自転車置き場や駐車場も緑の施設として活用できる。ショッピングモール・商店街の緑の機能としては以下の2つが挙げられる。

　①　景観向上機能
　②　生活環境保全機能

　これらの機能をもちながら、緑のランドスケープとしては以下のことが目標

になる。

- 景観としてどのような緑を取り入れていくか
- 賑やかしの緑の機能をどうするか
- 管理をどのようにするのか

あくまで店や商品が主役となるようなしつらえである緑の空間を作っていく。

4-5-1 ショッピングモールの緑

　モールの多くは新設で、歩行者専用道あるいは歩行者優先道が基本となり、また、買い物をすることが目的であるため邪魔になるような大きな緑は必要ではない。また、街路樹のように、歩道と車道の境界を作るものではない。モールの緑としての機能は、買い物を補助するように見せたいもの・見せたくないものをアイストップさせ、視線の誘導、歩行者動線を促せるようにする。

図 4-48　ショッピングモール (御殿場)

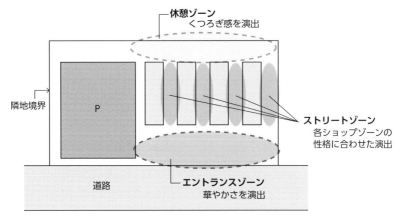

図 4-49　ゾーニング図

4-5-2 商店街の緑

　モールとは違い、商店街は昔からあるもので、既存の車道や歩道に直結し、場合によっては時間制限をして歩行者専用の道にしてしまう。すでに密な人の往来があり、店の品物が道に溢れるように置かれているところも多い。このようななか改めて緑の部分を考えるとなるとかなり場所を制限してしまうが、人の流れの調査、車の流れの調査、各商店の道へのはみ出し調査を経て、緑のしつらえを作っていく。

4-5-3 ショッピングモール・商店街の緑の大きさ

　緑のボリュームとしては、2m を超えるものを入れてしまうと店や商品を隠してしまうことになるため、地盤レベルから 1m 以内におけるようなものや、街灯や店先を彩る花鉢、コンテナ、ハンギングバスケット等が季節感や華やかさを添えるのにちょうどよい。

図 4-50 商店街の緑化例：まちなか緑化
（東京都公園協会の HP より）
(http://machinaka.tokyo-park.or.jp/jisseki/asakusa/index.html)

4-5-4 街を賑やかな雰囲気にする緑

● 季節感の演出

　季節ごとのセール、歳末イベント、初売りというように、1年を通じたイベントにいちばん敏感に対応するのが商店街ともいえる。それに伴い緑のデザインも変化するような仕掛けを必要とする。取り換えやすいコンテナやポット、花瓶等を使い飾っていく。飾る場所としては、アイレベル上に商店や商品を見せることが重要なため、それらをバックアップするように背景のなかに設置するようにする。

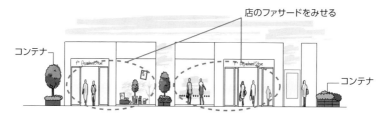

図 4-51 設置の方法

● 季節感と緑

たとえば、マツを飾れば正月というように、植物の種類により季節を感じさせることができる。植物は雰囲気を作るものとして重要な要素となる。

表 4-15　季節を感じさせる代表的な植物

季節	植物
正月	マツ、センリョウ、フクジュソウ、オモト
七草 (人日の節句)	セリ、ナズナ、ゴギョウ、ハコベラ、ホトケノザ、スズナ、スズシロ
節分	ヒイラギ
上巳の節句	モモ
端午の節句	ショウブ、サツキ、ハナタチバナ、ヨモギ
母の日	カーネーション
入梅	アジサイ
七夕の節句	ササ
お盆	ホオズキ、ミソハギ
重陽の節句	キク
十五夜	ススキ
秋の草	ハギ、キキョウ、クズ、ナデシコ、オバナ、オミナエシ、フジバカマ
冬至	ユズ
クリスマス	モミノキ、セイヨウヒイラギ

● 緑のライトアップとイルミネーション

冬の風物詩として夜を彩るイルミネーションは、その多くが緑のゾーンに設置されている。モールや商店街は昼間の利用者だけではなく夜の利用者も多いことから、ランドスケープとしても夜の風景を考慮したほうがよい。街灯と緑の関係は、明かりの部分が熱を帯び、虫を誘致してしまうということから、近くに設置しないようにする。光害という言葉があるように、省エネルギー、生態系のバランスを考えながら照明を配置する。また、光りすぎは植物を疲れさせてしまうため、夜間は自然に消えるようにする。LED 照明は比較的温度が低いため、樹木に近接して設置することができる。

・枝につける
　パターン
　ex: ケヤキ（落葉樹）

・樹冠のまわりにまく
　パターン
　ex: クスノキ（常緑樹）

・照明で照らす
　パターン（ライトアップ）
　ex: ケヤキ（落葉樹）

図 4-52　樹木イルミネーションの3つのパターン

　夜の緑のシーンを印象的に見せるためにライトアップを行う場合、枝が密にでて、葉が落ちても形がわかりやすい樹種にするほうがよい。常緑樹は葉が厚いものが多く、光を通しにくいためライトアップには向かない。落葉樹は葉が薄く光が通りやすいものが多いため、ライトアップの効果がでやすい。

表 4-16　ライトアップに向く樹種

	樹種名
落葉樹	ウメ、エゴノキ、カエデ類、ケヤキ、コバノトネリコ、コナラ、サクラ類、ツリバナ、ドウダンツツジ、ナナカマド、ハナミズキ、ヤマボウシ、ロウバイ

● 管理

　モールや商店街は人の通りが多く、いつも人の目に触れている。そのため、いつみてもきちんとしている緑にしなければならない。モールや商店街が大きいとすべてをきちんと手入れすることは非常に難しいが、店先をきれいにするのと同様に緑を考えることができれば管理は行える。商店の関係者だけでなく利用しているお客やその子供等を参加させるような緑のゾーンを作っていけば、モールや商店街への来店を促し、賑わいの要素になる。

4-6 商業施設

本節で扱う商業施設はいくつかの業種が入った大型のものを定義する。緑のランドスケープとしては、外周部、エントランス部、屋上部、駐車場部に集約される。ランドスケープを整備することは人を集めるしつらえとしてとらえられ、いろいろな取組みが行われている。商業施設の緑の機能としては以下の2つが挙げられる。

① 景観向上機能
② 自然環境保全機能

これらの機能をもたせ、人が集まる施設としての整備を行う。

- 印象に残る景観としてどのような緑を取り入れていくか
- 商品や店舗を魅力的にみせる緑を作る
- 管理をどのようにするのか

上記の目標を実践するための方針や手法をまとめる。

4-6-1 緑の配置計画

前述したように、緑を配置できるところは外周部、エントランス部、屋上部、駐車場部となる。各部分で印象的で快適な空間を作るようにする。常に人が出入りするエントランス部を重点的に行い、施設全体のイメージを作り上げる。郊外の大型商業施設はほとんどが車でのアクセスとなるため、施設以上に駐車場部のイメージが周辺の景色に影響を与えることから駐車場の緑も計画しなければならない。

緑

図 4-53　ゾーニング図

4-6-2 エントランス部

　エントランスは、人が出入りする通路部分、車が出入りする通路部分、施設正面となるファサードが緑のランドスケープ空間として重要となる。人や車が出入りする通路に並木状に高木を並べると、印象的な空間になると同時にイルミネーション等の飾り付けもしやすく、賑やかな雰囲気を作ることができる。しかし、大きな並木になってしまうと商業施設自体を隠してしまうことになるため、ボリュームをおさえた空間にする。

図 4-54　ファサード緑化イメージ

　建物のファサード部分に直接緑をつける壁面緑化のようなものも効果的である。季節により変化させることもできる。地面に直接植栽するタイプに比べ、管理に手間と技術が必要となるが、環境に配慮しているイメージを伝えるにはよい。

111

図 4-55　ファサードに緑化した例 (鹿児島マルヤガーデンズ)

4-6-3 屋上部

商業施設の屋上部は少し前までは遊園地、ペットショップ、園芸店等が多く見られていたが、最近はそのような店舗を設置することが少なくなってきている。その屋上を緑化し、庭園や公園のような休憩、休息スペースとして再整備する例が増えた。誰でも入れる庭園や公園を作ることで、購買を目的とした人以外の人をも誘致し、施設の賑やかし、利用を促進している。

● 代表的な屋上庭園整備例

・ 新宿伊勢丹

既存の屋上をリノベーション。ガーデンのような空間を作り、植物に触れることが体験できるクラブ等も設置している。

図 4-56　新宿伊勢丹の屋上

・なんばパークス

　大阪球場の跡地に建てられた商業施設。屋上部分を大々的に庭園化し、アート、水辺など配置され買い物客以外にも楽しめる。

図 4-57　なんばパークス

　屋上部分の緑化の手法については後述するが、狭い空間のため屋上を管理するサービス動線や管理施設の設置について検討しておくことが重要となる。

4-6-4 　駐車場

　大規模な商業施設になるほど駐車場の面積が広くなり、施設よりも駐車場が目立つことになる。駐車場も施設の一部として整備する必要がある。エントランスがよくわかり、車が見えない状態を作るために、常緑樹を基本にする。

施設管理者があまり目をかけない部分にもなるため管理をあまり必要としない緑が求められる。舗装はアスファルトになることが多いため乾燥に強いことも求められる。道路境界や駐車スペースをとり、余った空間を緑にする場合が多いが、夏場は車内の温度を上げないように緑陰となるような樹木を駐車スペースの間に植栽していくことは有効である。

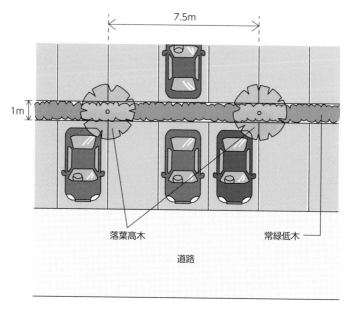

図 4-58　駐車場植栽図例

図 4-59　緑陰樹を植栽した駐車場（ベルリン）

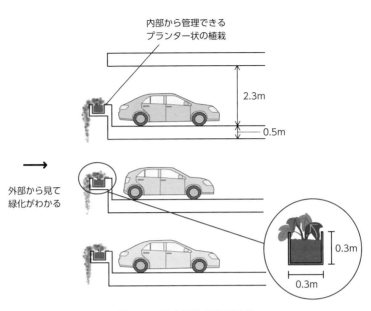

図 4-60　駐車場棟緑化断面例

　平面の駐車場では前述のような緑の設置ができるが、都市部では平面の駐車方式ではなく駐車場棟として整備する場合も多い。標準的な駐車場棟は無機質な鉄骨構造が前面にでたものになることが多いため、壁面を利用し緑を設置するとよい。ツル植物をフェンスやワイヤー等にからませるタイプの緑化や、プランターを各階に設置したテラス緑化が可能である。車の排気ガスに強いことや、水遣りを頻繁に行う必要のない乾燥に強いタイプの樹種を選ぶ必要がある。

表 4-17　立体駐車場に使えるツル性植物

ツル植物	カロライナジャスミン、スイカズラ、テイカカズラ、ヘデラヘリックス、ワイヤープランツ
匍匐性樹木	コトネアスター、ハイビャクシン

115

図 4-61　駐車場棟の緑化（港区）

4-7 オフィスビル

　緑が少ない都市部ではオフィスビルの利用者の憩いのスペースとして、また、企業のイメージアップをはかる意味でも積極的に緑を取り入れる必要がある。日常生活の場ではないため、細かな管理が必要な庭のような緑の空間を作る必要はなく、シンプルで、すっきりとした緑を作る。緑化の機能としては以下の 4 つが挙げられる。

① 景観向上機能
② 生活環境保全および向上機能
③ 自然環境保全機能
④ 防災機能

　オフィスビルの緑空間のランドスケープとしては以下のことが目標になる。

- 景観としてどのような緑を取り入れていくか
- 緑の量をどうするか
- 管理をどのようにするのか

これらの目標を実践するための方針や手法をまとめる。

　緑の部分としては、エントランスとファサード、外周部、屋上部、中庭等が主になる。規模によっては地域の人々も訪れる公園のような空間も整備する必要がある。都市部では狭い空間にオフィスビルが建てられる場合も多く、終日影になる場所もあるため、日照条件をしっかりと考えて緑の配置をする。

4-7-1 環境分析と利用動線

　環境分析は前述したようにランドスケープデザインを進めるうえで必須である。緑のなかに作る場合はもちろんだが、オフィスビルの場合、ほとんど都市のなかに作ることが多いため、周辺にいろいろな影響を与える。たとえば、高層オフィスであれば日影の問題やビル風、眺望や景観がある。建物の高さを問わずオフィス利用者が多ければ人や車の出入り等の動線等がある。計画に伴うこれらのことを事前に分析し、計画に反映させる必要がある。周辺のオフィスの緑の状態を把握し、周辺に公園、緑地等があればそれらとオフィスで作る緑の部分との関連を考慮する。

図 4-62　ワテラス広場 お神輿の動線をよけながら植栽地を設置

4-7-2 エンランスとファサード

　エントランスは建物の風格となるため、しっかりと印象的な緑を作るようにする。建物の高さによって、ボリュームを考慮する。低層の場合は高さ1〜3m程度の緑を入れるとよいが、中層、高層となれば、5mを超える緑を入れるようにし、建物の圧迫感や印象を和らげるようにする。街とのつながりを考え緑の量をコントロールし、賑わいと落ち着きを作るようにする。

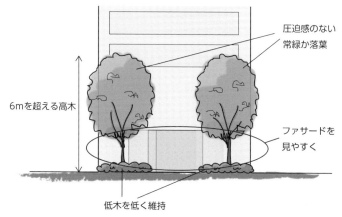

図4-63　ファサード緑化立面イメージ

図4-64　オフィスファサードの植栽例：狭い植栽帯は低木のみにする

4-7-3　外周部

　道路に接する部分は、建物の出入口と、管理の手が行き届かないところ、雨水がかからないところは避け緑を入れるようにする。隣地境界部分は、管理が行き届かないことも考慮し、オフィスからの景色が楽しめるようであれば管理動線をしっかりとおさえ、積極的に緑の空間を作る。

　高層オフィスビルの場合注意したいのが雨水問題である。緑化スペースとして通常は建物の周囲に人の出入りを避けて取られる。雨が降った場合、雨が建物にあたりそのまま外壁をつたうように落ちていく。建物が高層化するとその雨水量が非常に多くなり滝のように雨水が流れる状態になる。そのまま雨水が落ちる場所に植栽をしておくと水でたたかれる状態になるため、高層オフィスの場合は雨水を植栽地に落ちる前にどこかで受けるか、連続する壁面周辺の植栽に関しては植えないことと、排水枡のような施設を設置しておくことが必要である。

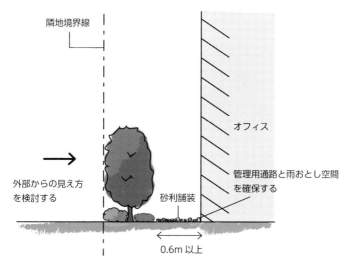

図 4-65　外周部緑化断面イメージ

4-7-4 屋上部

　屋上は管理側の意向にもよるが、建物利用者の憩いのスペースとして緑の空間を作るとよい。屋上緑化の具体的な作り方は後述するが、利用者のことを考え、観賞としてのスペースより休憩、休息、軽運動の空間として緑以外の施設を適宜配置する。地域にもよるが、１０階以上の屋上では風が強くなるため、植物にも人にも強風があたらないようにするためのフェンスや擁壁等の防風措置が必要である。

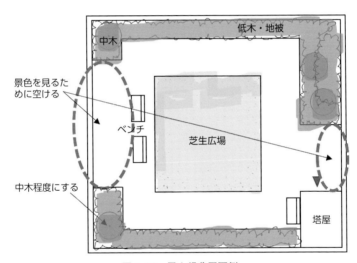

図 4-66　屋上緑化平面例

4-7-5 中庭部

　屋上と同様、中庭は建物利用者の憩いのスペースとして作る。ただし、屋上に比べて部屋に囲まれることから、外へでて休息をとるというより、部屋やテラス等から庭を眺める空間としてしつらえる。４階以上（高さ 12m を超える）の建物で中庭を設置すると、日照を制限されるため、日陰に耐える植物で構成する必要がある。中庭にいたる動線が作業居室内を通過する場合は手入れのしやすいもの、成長の遅いもので構成する必要がある。中庭内で排水計画

が完結していないと豪雨、多雨の場合は水たまりが池のような状態になるため排水システムを設置しておく。オフィスのガラス面は開閉がほとんどされないことが多く気流の動きがなくなりやすいため、出入口を開閉するようにして風通しをよくしなければ植物の生育に弊害がでる。

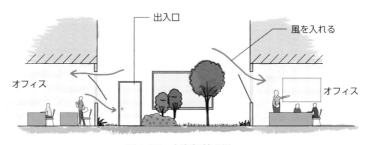

図 4-67　中庭部断面例

4-7-6　樹種の選定

オフィスビルでは各部分で日照条件、見え方、管理の頻度が変わるため、それらを考慮して樹種を選択する。ファサードは建物の顔となるため建物の所有者に関連のある樹種を選定することも重要である。手入れは管理会社が造園会社にまかせることが多く、年に2～3回程度の手入れとなり、日常の管理は水遣りと落ち葉拾い程度になるため、比較的管理のかからない樹種にする。

● きちっとした印象にするには

常緑樹主体として構成する。高木と中木、低木を組み合わせる。地被はシルエットが緩くなるものが多いため、低木でカバーするほうがよい。タマリュウはしっかりと緑が整うため、きちっとした印象になる。

表 4-18　きちっとした印象の常緑樹

高木	イヌマキ、コウヤマキ、クロガネモチ、シラカシ、モチノキ、モッコク
中木	キンモクセイ、サザンカ、サンゴジュ、ヤブツバキ
低木	キリシマツツジ、サツキツツジ、ハマヒサカキ、ボックスウッド、マメツゲ

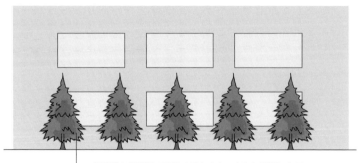

針葉樹を等間隔で植栽するときちっとした印象になる

図 4-68　きちっとした印象の植栽例

● 柔らかな印象にするには

　常緑樹で柔らかなシルエットの樹木や落葉広葉樹をアクセントに入れる。
落葉樹ばかりにすると成長が早いため剪定を必要とすること、落ち葉が多いこ
とで管理が大変なため、常緑樹と組み合わせるとよい。

表 4-19　柔らかな印象の常緑広葉樹、落葉広葉樹

	落葉	常緑
高木	アキニレ、イヌシデ、イロハモミジ、エゴノキ、ケヤキ、コナラ、コブシ、ナツツバキ、ヒメシャラ、ヤマボウシ	シマトネリコ
中木	ハナカイドウ、ムクゲ	ソヨゴ、ハイノキ
低木	シモツケ、ミヤギノハギ、ユキヤナギ	アベリア

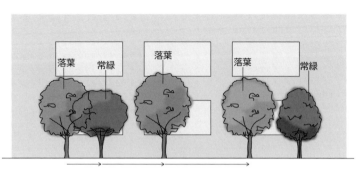

等間隔を避けて並べ、常緑と落葉を混ぜる

図 4-69　柔らかな印象の植栽例

4-8 | 集合住宅

　集合住宅の緑のランドスケープデザインは、規模により空間の特性、用途に違いがでるが、おおむね以下の機能が期待される。

- ①　景観向上機能
- ②　生活環境保全および向上機能
- ③　緑陰形成機能
- ④　防災機能

これらの機能を持たせながら、

- 景観としてどのような緑を取り入れていくか
- 緑の量をどうするか
- 住民どうし、地域とのコミュニティの形成
- 管理をどのようにするのか

以上のような目標を実践するための方針や手法をまとめる。

4-8-1 環境分析と利用動線

　環境分析は前述したようにランドスケープデザインを進めるうえで必須のものである。緑のなかに作る場合はもちろんだが、都市のなかに作る場合においても、集合住宅は規模の差はあるが、戸建住宅に比べ周辺にいろいろな影響を与える。たとえば、高層の場合であれば日影やビル風、眺望や景観等の問題がある。高さを問わず住戸数が多ければ人や車の出入り等の動線の問題がある。計画に伴うこれらのことを事前に分析し、反映させる必要がある。周辺に公園、緑地等があればそれらとの部分との関連を考慮する。

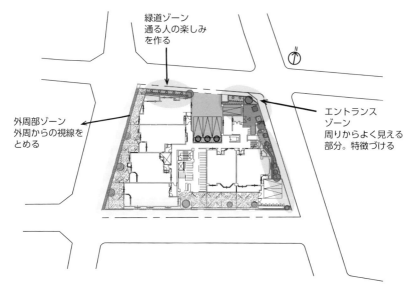

図 4-70　周辺緑地との関係を入れ込んだゾーニング図

4-8-2　テーマの策定

　集合住宅の場合、建物や開発にデザインコンセプトがある場合が多い。それにそったデザインをすることが通常だが、逆にデザインがコンセプトになる場合もある。住戸のデザインタイプが階、方位によって変わるのに対して、緑の空間は、専用庭以外は住民すべてに共通で利用できることから住戸部分より住民の好む空間にすることが求められる。また、緑化部分は建物よりも最初に見える部分であり、顔となりうる。そのためにもテーマや整備の方向性をしっかりと作る必要がある。

● デザインスタイル：庭としての緑

　集合住宅は個人住宅の集合体ともいえるため、オフィスビルに比べ庭を作る感覚をもっていなければいけない。洋風なスタイルであれば、花の庭なのか、イギリス風ガーデンなのか、フランス風ガーデンとするのか、和風であれば、マツやモミジとツツジの苅込みのきちっとしたものか、滝や流れのあるものか、

石を多く配したものか、竹やササを使ったものなのか等、庭としてどのような空間にしたいのか、スタイルを決めてデザインや樹種や構成を構築していく。

● 利用スタイル：場としての緑

　小さな空間で緑をデザインすると観賞程度の楽しみになってしまうが、集合住宅は緑の空間としてはやや広い。そのため、観賞だけでなく、休憩や軽運動、多目的な広場を作ることができる。休憩や運動に差し支えのない緑の空間を作る構成を考える。

● 管理スタイル：日常の緑

　賃貸や分譲の集合住宅では管理会社に委託して植栽管理を行うが、その管理を十分に行わせることができるか、できないかで取り入れる植栽が違ってくる。たとえば、バラの庭園をうたった場合は頻繁な管理を必要とする。また、建てたい人が集まり複数の家族で自主的に作るコーポラティブタイプの集合住宅は住民が管理することが前提の場合が多い。管理スタイルをある程度想定しなければデザインや構成ができないため、管理スタイルをしっかり把握しておく必要がある。

4-8-3　エントランス

　エントランスは建物の顔となる部分で、管理がしやすいことも重要である。スタイルにもよるが目立つように植えるシンボルツリー、門に代わるようなゲートツリーとなるものを設置する。植え込み地の土が見えないように、低木や地被をしっかりと植え込むようにするときちっとした印象を与える。樹木は出入りに邪魔にならないように、枝が通行する人に触れないように十分な空間を確保する。季節を感じられるように、高木〜低木のなかで花、紅葉、結実、落葉の変化があるものを入れるようにする。毎日見る部分のため、住民が参加する花壇のようなものがあってもよい。

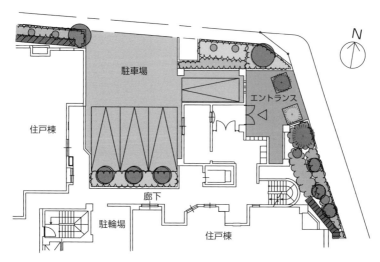

図 4-71　集合住宅のエントランス植栽例

4-8-4 中庭

　中庭はエントランスに比べプライベートな空間となる。住民のための空間としてどのような使い方をするかを決定したうえでデザインをする。中庭空間は日陰になりやすいため、日照条件をしっかり検討したうえで植栽を決める。中庭空間に居室のどの部分が接しているかを確認し、部屋を覗かれることがないようにプライバシーの部分のチェックも必要である。中庭空間の規模にもよるが、大木になるようなものを植栽すると空間が狭くなることと、低層階に日射が少なくなること、枯れというようなことが起こった場合の処理が大掛かりになるため導入については十分に検討する。

図 4-72　日陰を好むアオキの斑入りのフイリアオキ

表 4-20　中庭に向く樹種

	常緑樹	落葉樹
高木・中木	アスナロ、イチイ、イヌマキ、コノテガシワ、シマナンヨウスギ、タギョウショウ、ニオイヒバ、アラカシ、イヌツゲ、オリーブ、キンカン、ゲッケイジュ、サカキ、サザンカ、シマトネリコ、シラカシ、ソヨゴ、ナツミカン、ハイノキ、ピラカンサ、フェイジョア、マサキ、ヤツデ、ヤブツバキ	ウメ、ウメモドキ、エゴノキ、オトコヨウゾメ、ガマズミ、コハウチワカエデ、コバノトネリコ、サンシュウ、シコンノボタン、シデコブシ、シモクレン、ニワトコ、ハナカイドウ、ハナミズキ、ヒメリンゴ、ブッドレア、マメザクラ、ムラサキシキブ、ヤマボウシ、リョウブ
低木・地被	アオキ、アセビ、カンツバキ、キリシマツツジ、キンシバイ、クチナシ、クルメツツジ、サツキツツジ、シャリンバイ、セイヨウバクチノキ、センリョウ、チャ、ナンテン、ネズミモチ、ハクサンボク、ハマヒサカキ、ヒイラギナンテン、ヒカゲツツジ、ローズマリー、アガパンサス、キチジョウソウ、コクリュウ、シャガ、テイカガズラ、ハラン、フイリヤブラン、フッキソウ、ヘデラ類、マンリョウ、クリスマスローズ、ヤブコウジ、ヤブラン、リュウノヒゲ	アジサイ、アベリア、ウツギ、ガクアジサイ、コムラサキシキブ、シモツケ、ドウダンツツジ、ミツバツツジ、ユキヤナギ、ギボウシ
特殊樹	シュロ、シュロチク、ソテツ、トウジュロ、キッコウチク、シホウチク、ホウライチク、クロチク、カムロザサ、クマザサ、コグマザサ	―

中庭植栽の注意点：耐陰性

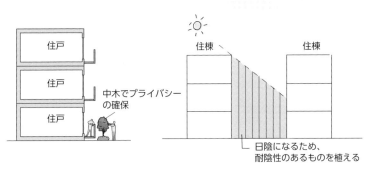

図 4-73　中庭の注意点

4-8-5 外周部

　隣地との境界は防犯やプライバシーの関係からフェンスやコンクリート製の壁で囲う必要がある場合も多い。それらをそのままで仕上げず、緑を寄り添う形にし、環境に優しく、かつ印象を変化させることもできる。隣地に緑がはみ出した場合、隣地側に管理のため入り込むことにならないように、敷地境界の間際まで植栽せず余裕をもって設置することと、成長が比較的遅いもので植栽する。落葉樹は葉が落ちたときに管理が大変なため避けたほうがよい。注意したいのが、常緑樹でも植栽工事の直後はあまり葉が茂っていないことが多いため透けた感じになることを関係者に説明しておくこと。1階レベルのプライバシーを守るために高さ2m前後の生垣を作ることは通常行われるが、高さ4～6mにもなる高垣を設置することもできる。その場合は植える幅を十分に確保しておくこと、管理のために生垣の手前に梯子を立てられるような空間を確保しておく必要がある。

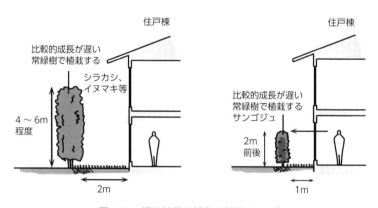

図4-74　隣地境界の植栽の断面イメージ

4-8-6　専用庭

　専用庭は個人の部分であるため最初は芝生程度に仕上げる。しかし、日当たりの悪い場合では芝生は生育不良となるため、土のままで仕上げるか、インターロッキングブロックやタイル等の舗装にする。また、避難通路になっている場合は避難に邪魔になるような高木、中木、低木は植栽できず、地被類だけしか植栽できない場合がある。

4-8-7　テラス・屋上

　テラスや屋上を庭として利用する場合に注意することは、日照が十分に当たるが、土が少なく風も強いため乾燥に強い樹種を選ぶことである。自動灌水施設は設置したほうがよい。マツやカキ等の大きな実がなるものは、落下事故の可能性もあるため避ける。建物の荷重制限もあることから、低木や地被類程度しか植栽できないのか、中木から高木まで植栽できるかどうか建築構造との確認が必要である。地域により違いはあるが8階以上のテラスや屋上は風が非常に強いため、防風をしないと樹木が育ちにくい。風による倒木もありうるため、防風環境が整わないのであれば植栽しないほうがよい。

表 4-21　テラス植栽にむく樹木

	樹種名
高木・中木	イヌマキ、エンジュ、オリーブ、柑橘類、キョウチクトウ、ギョリュウ、ゲッケイジュ、ザクロ、ネムノキ、マキバブラッシノキ、マテバシイ、ユッカ類
低木・地被	シャリンバイ、トベラ、ナワシログミ、ノシバ、ハイビャクシン、ヒラドツツジ、ローズマリー、セダム類

4-8-8　更新する植栽

　植栽部分は管理をしていても十年も経てばボリュームがでる。それが三十年も経つと初期の段階とはかなり違った状態になり、植栽の粗密がはっきりとしてくる。そこで建物の大規模修繕のタイミングと一緒に植栽部分の見直しもす

る。居住者の高年齢化、家族構成の変化を考慮した歩行動線の見直し、車や自転車の利用頻度の見直し、周囲の環境の変化や植栽の成長具合を調査する。コーポラティブタイプは別として、竣工時は住民の顔が見えない状態で植栽が行われているので、この間にできあがった住民のコミュニケーションを活かして、利用実態調査と住民の意向をヒアリングして修繕計画を立てる。植栽は植物だけに目を向けることなく、土壌についても検討し、植物が育つ土壌の改良、雨水排水の再検討も重要である。

4-9 | 団地

　一般的には住宅の集合体を指し、集合住宅が複数、住宅が複数集まったものが団地となる。集合住宅で述べたことを集合住宅ごとで行えばよいのだが、どこの場所も同一にはせずに団地全体をみながら、周辺の緑地や商店街の存在等の周辺環境と団地内の道路（主要通路、管理通路、歩行者専用通路）の利用状況をしっかりおさえ、広場あるいは公園の設置とともに緑地を配置する。
　緑のランドスケープデザインは、規模により空間の特性、用途に違いがでるが、おおむねどの規模でも以下の機能が期待される。
　① 景観向上機能
　② 生活環境保全および向上機能
　③ 緑陰形成機能
　④ 防災機能

これらの機能を持たせながら、

- 景観としてどのような緑を取り入れていくか
- 緑の量をどうするか
- 住民どうし、地域とのコミュニティの形成
- 管理をどのようにするのか

以上のような目標を実践するための方針や手法をまとめる。

4-9-1 　集合住宅の団地

　4-8節「集合住宅」を参照してそれぞれのデザインをしていくが、住棟の周辺、住棟間にそれぞれ個性をつけ、差別化をすると風景が単調にならない。全体をみてそれぞれのゾーンの特性に応じてデザイン上の違いをつけ、同じような景観をくり返さないようにする。

　ゾーンの作り方としては、賑やかさと落ちつきを考えてデザインする。日常生活上利用する駅やバス停等が近い場所は人の往来が多いため、十分な空間を取っておおらかな緑の空間を作るようにする。低木や中木は控えめにして見通しのよい空間にする。

　アクセスポイントから離れた部分は人通りも少なく静かな空間となる。このような場合は、人と人とが触れ合う空間を作るとともに、植物にも触れやすい空間にする。花が四季折々に咲き、変化が楽しめるようにすれば日常動線としての利用は少なくても散策で訪れる楽しみができるため、休憩や週末等に少し日常から離れた利用を誘導できることになる。

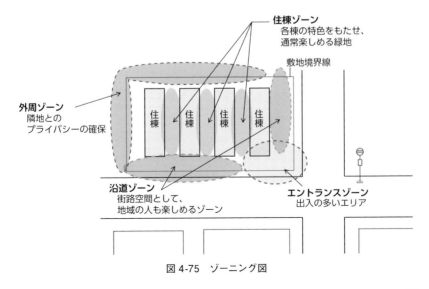

図 4-75　ゾーニング図

4-9-2 住棟ごとのスタイルの提案

住棟ごとのスタイルの違いをだすには、植栽する樹種の種類を住棟ごとに変えることや、高木、中木、低木のバランスを変化させることで印象を変えることができる。

● 季節による変化スタイル

春、夏、秋、冬と花や新芽、結実、紅葉が目立つ樹種で構成する。日当たりのよいゾーンを夏にする等、日照条件を考慮した配置が重要になる。

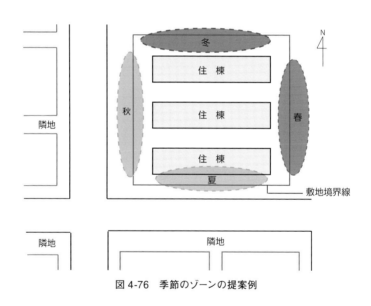

図 4-76　季節のゾーンの提案例

● 構成樹種による変化スタイル

様々な樹種を組み合わせるより、単一の樹種で植栽すると管理方法もシンプルになるため管理がしやすい。この構成に適しているのは竹で、それ自身に非常に個性があるため、ある程度の塊で植栽すると個性を作ることができる。バラは個性が作れるが、肥料や剪定を頻繁に行わないといけないため管理が十分できそうな場合に向いている。

● 風景による変化スタイル

　原っぱの風景、森の風景等、植物の構成や密度によって風景の変化を作り、住棟ごとの個性をつけることもできる。前述の2つのスタイルに比べ空間を大きく取れるときに有効である。それぞれの風景により管理の仕方も変化するため管理とのバランスを考慮して計画する必要がある。周辺に緑地が少ない場合は積極的にこのような空間を作っておくと、子供たちの自然環境の勉強にもなる。しかし、あまり自然に近いものを住棟に近接すると虫や鳥の害が発生する場合もあるため、緩衝ゾーンを設けることも必要である。

表 4-22　代表的な風景と構成樹種

風景	構成樹種
原っぱ	芝生類 (ノシバ、コウライシバ、コロニアルベントグラス、ケンタッキーグラス)、オオバコ、クローバー、ススキ、ディコンドラ
雑木林	アカシデ、イヌシデ、キブシ、クヌギ、コゴメウツギ、コナラ、ネジキ、ムラサキシキブ、ヤマツツジ、ヤマブキ、ヤブラン
水辺	アヤメ、イヌコリヤナギ、カキツバタ、ザイフリボク、ハンノキ類、ミソハギ、ヤチダモ、ヤブデマリ
森 (常緑)	アオキ、アラカシ、カクレミノ、ケヤキ、コナラ、シロダモ、スダジイ、タブノキ、ヤブツバキ、ヤブコウジ、テイカカズラ

4-9-3　住戸の団地

　住宅のひとつひとつについては 4-11 節「住宅」を参照していただきたい。住戸が集まったときにできる風景を考慮し、接道部分、隣地境界、団地の入口について、集合住宅と同じく大きなゾーンで計画する。

● ゾーン

　地形や周辺環境を考慮し、集合住宅と同じくアクセスポイントの近接差で緑地の量を増減させる。隣地が個人住宅の場合はプライバシーの確保が重要なポイントとなるため、往来の多いアクセスポイントはやや緑地の量を増やしたり、生垣をしっかり作ったりするようにする。アクセスポイントから離れていくと非常に寂しくなるため、明るく見通しのよい空間を作るようにする。

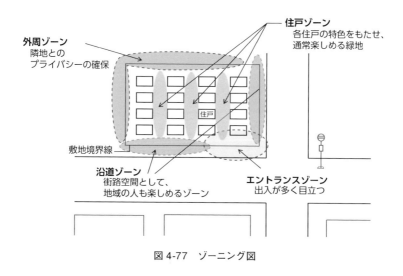

図 4-77　ゾーニング図

4-9-4　接道部

　接道部は、外周道路が一般道路となる場合はプライバシーの確保や、防音、防塵を考慮し、ややボリュームのある緑の空間を作るとともに、道路を往来する人が楽しめる空間を作るようにする。

図 4-78　通路に面した場合の植栽帯

　団地内通路は、歩車共用、歩行者専用道があり、特に歩行者専用道については歩きながら緑の景色を楽しめるように、低いものからアイレベルまで緑が見えるようにする。また、通路の幅員に合わせ高さをおさえるようにする。夏の日当たりの厳しい南～西にかけての通路は落葉樹の高木で影を作る。

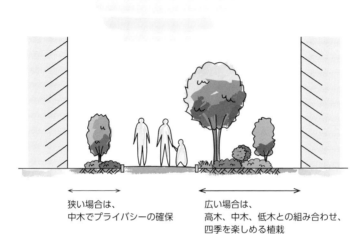

狭い場合は、
中木でプライバシーの確保

広い場合は、
高木、中木、低木との組み合わせ、
四季を楽しめる植栽

図 4-79　中庭に面した植栽帯

4-9-5 隣地境界部

　隣地との境界は、不審者の侵入を防ぐとともに視線をカットするような高さがあるものを植栽する。近接する建物の高さにもよるが、2階にある窓までの視線を防ぐためには、シラカシ等の常緑広葉樹の高木をピッチ 0.5 ～ 1.5m ぐらいで列植し、高さ 6m ぐらいまでの緑の壁を作るようにする。その場合、下部が透けた感じになるようであれば、常緑の低木や中木を間に植えるとよい。

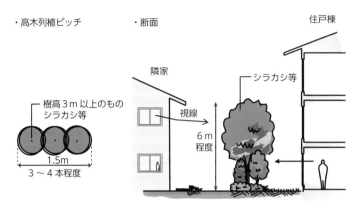

・高木列植ピッチ　　　　・断面　　　　　　　　　住戸棟

隣家

シラカシ等

樹高 3 m 以上のもの
シラカシ等

視線

6 m
程度

1.5m
3 〜 4 本程度

図 4-80　隣地境界部断面例

4-9-6　団地入口

　団地の特徴や目印になるシンボルツリーを通路の両側や、接道部の位置に配置してポイントを作ると団地の個性をだすことができる。樹形の面白いもの、花や紅葉、実が目立つものなど、周囲の緑と少し違った雰囲気をもつものにするとよい。注意したいのが、交差点のような通路がぶつかりあうところで、大きな樹木や、ボリュームのある緑を植栽しないこと。団地内には子供も多くいることから、急な飛び出しもあり、車、自動車、歩行者からの視線が通るようにしておく必要がある。

4-9-7　団地内の公園・広場

　団地の規模にもよるが広場や公園が設置される場合が多い。広場は盆踊りやバザー等の催しに使われたりする。そのため舗装は土系のプレーンなものにし、緑陰樹になるような落葉広葉樹の高木を広場の中心ではなく周囲に設置する。中心近くにヒマラヤスギ等の常緑針葉樹を植栽すると、冬は大きなクリスマスツリーになり楽しい空間演出ができる。

　団地内の公園は小規模になるため、緑があると成長して邪魔になることと、子供の姿が見えにくくなるため多く入れないようにする。

4-10 病院

　病院は病気や怪我等を負った特殊な状態の人々が通常利用するため注意を必要とする。規模により空間の特性、用途に違いがでるが、おおむねどの規模でも以下の機能が期待される。

① 景観向上機能
② 生活環境保全および向上機能

そこで病院における緑のランドスケープとしては以下のことが目標になる。

- 景観としてどのような緑を取り入れていくか
- 緑が安らぎを与えるには緑の量をどうするか
- 管理をどのようにするのか

これらの目標を実践するための方針や手法をまとめる。

図 4-81　四季の変化の楽しめるエントランス植栽（山梨市）

4-10-1　ゾーニング

　病院の規模にもよるが、植栽を行う場所としてはエントランス、中庭と屋上庭園が主なものになる。中庭は患者や職員、見舞客が散策できるタイプと、待ち会いスペースとして観賞する庭を設置するタイプがあり、屋上庭園も同様の用途が見込まれる。積極的な使い方として、リハビリのための庭や園芸セラピーを取り入れた庭もある。

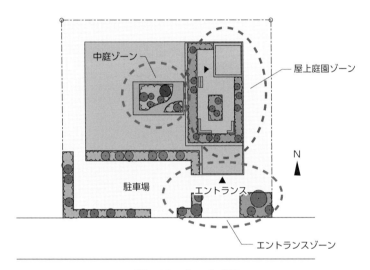

図 4-82　ゾーニング図

4-10-2　樹種の構成と密度

　日当たりによるが、植物は光合成により酸素を供給することできれいな空気を作り、また蒸散作用から湿潤状態を作る。目に映る緑は気持ちを和らげる作用がある。このようなよい作用も、植物の選択を間違うと逆効果になる場合もある。緑がよいからといってたくさん導入するのは圧迫感を与えることになる。風通しよく、隙間を作りながら空間を構成していく。

● 注意を要する植物

普段ではあまり気にかからないことが、病気になると急激に反応がでてしまうことがあるため、強い香りのもの、触ると痛いもの、色鮮やかなもの、アレルギーの反応があると思われるものは避けなければならない。

表 4-23　病院で過敏になる要素別注意点

要素	色	香り	因習	アレルギー
避ける項目	刺激的な色物	芳香の強いもの	地方により様々な言い伝えがある	症状を誘発する
理由	ヴィヴィッドな色は気持ちを高揚させるため、刺激を与え疲れさせてしまう可能性がある。赤やオレンジ系は避けるほうが無難。また、病院建築が淡い色や白系の外装のことが多いため、色物が目立ちやすいことも注意	普段はよい香りでも気分がすぐれないときはそうとは限らないこともある。また、視覚が不自由な人は香りに対して敏感なため多用すると逆効果になる場合がある	・ツバキ類は花が終わるとボタリと落ちるため首が落ちるイメージを与える ・ヒガンバナはお墓のイメージがある ・ビワを植えると病気になる	植物からアレルギー物質（花粉、毛、香り）がでてアレルギーになるだけでなく、見るだけで気分が悪くなることもあるため注意が必要
注意したい植物	赤い花（バラ、ハイビスカス、アメリカデイゴ、サルビア）、オレンジの花（マリーゴールド）	キンモクセイ、クチナシ、ジンチョウゲ、バラ類、ゼラニュウム	シキミ、ツバキ類、ビワ、ヒガンバナ	スギ、ヒノキ、ウルシ、イチョウ、ハンノキ、ヨモギ、ブタクサ

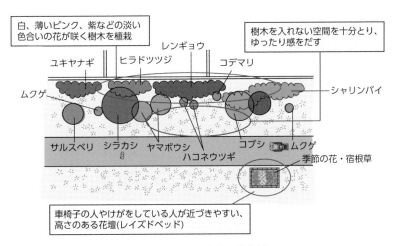

図 4-83　病院の広場の植栽例

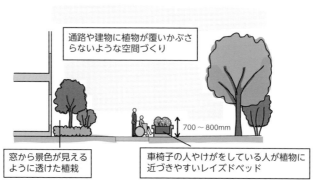

図 4-84　レイズドベッド断面図

4-10-3 病院の各部分のデザイン

● エントランス

　病院は白っぽい外観の建物が多いため、緑で覆うことは雰囲気を和らげるためによい。いつでも緑が感じられるように常緑樹を主体にするが、ボリュームをだしすぎると圧迫感がでてしまうため注意する。さらっとした印象の常緑樹を利用する。

【さらっとした印象の常緑樹】

- 高木：シラカシ、シマトネリコ、シャシャンポ
- 中木：ソヨゴ、ハイノキ
- 低木：アベリア（半常緑）、ギンバイカ

図 4-85　ギンバイカの花

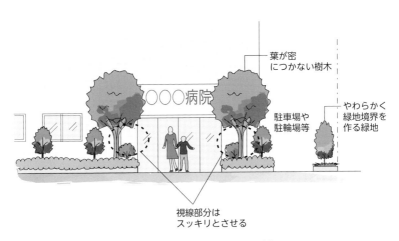

図 4-86　病院のエントランス例

● 外周部

　隣地や道路と接する部分は、侵入や脱出を防ぐためにスチール製のフェンスやコンクリート製のブロック壁等を設置することが多いが、檻のようなものに囲われているような印象になるため、植物で隠したり覆ったりという部分を作ると雰囲気を変えることができる。ただし、すっぽり緑で覆ってしまうと圧迫感がでてしまうためすべて緑で囲むようなことはしない。風が通る空間、空が見える空間を作る。

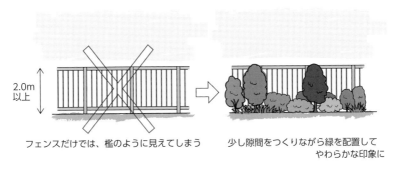

図 4-87　外周部の緑地の作り方

● 中庭

　前述したように、中庭は患者や職員、見舞客が散策できるタイプと、待ち会いスペースとして観賞し休憩できるタイプがある。病院の場合、頭上を緑に覆われるような雰囲気にしてしまうと、囲われて暗い感じになってしまうため、常に空がみえるように、影が大きくでてしまわないようにする。中庭では、高木の高さは3mを超えないようにする。

　香りが強いものは避けると述べたが、特に中庭は香りが留まりやすいため注意する。香りがあると、ハチ、チョウ、ガ等の虫も誘発されて飛翔することもある。刺される、かぶれる等の直接的な被害はほとんどないが、嫌がる人も多く、部屋に侵入する可能性もあるため避けたほうがよい。

　虫が飛来しやすい植物を以下に挙げる。

- 木本：柑橘類（ナツミカン、ユズ）、ブッドレア、クチナシ
- 草本：クレオメ、レンゲ、ヤブガラシ

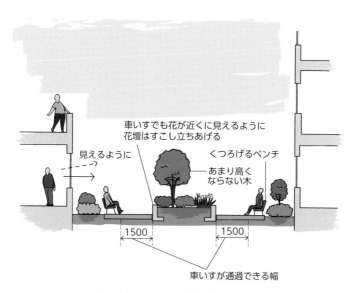

図4-88　中庭植栽断面例

● 園芸セラピー

　園芸セラピーは園芸療法ともいわれ、主にアメリカやヨーロッパの国々で行われており、心や身体を病んだ人たちのリハビリテーションとして園芸活動をセラピーの手段として利用するものである。園芸活動としては植物の植え付け、水遣り、虫の駆除、葉や花の殻取り、枝抜き、植え替え、剪定、清掃等を行うが、指導者と介助者が必要となるので場だけを提供する形だけでは不十分である。扱う材料や道具のなかには薬品やハサミ等の危険なものもあるため、鍵がかかる保管場所も必要である。活動をする場所は管理者の目が届く場所とするが、社会復帰の場として活用する場合は外部の人との交流の生まれる場所に設置する。

表 4-24　園芸療法を取り入れている病院

病院名	所在	内容
適寿リハビリテーション病院	兵庫県神戸市	草花の種まきや挿し木、寄せ植え、菊作り、野菜の栽培・収穫・試食、庭を散策しながら草花の観賞、押し花やリース作りといったクラフト活動等
関西労災病院	兵庫県尼崎市	ホスピタルパークを利用した園芸療法
いずみ病院	沖縄県うるま市	植物の生育に関わり、不安や緊張感の軽減を図り、育てを共に過ごすことの意義、達成感、充実感、充足感、対人交流の促進等を目的
千里リハビリテーション病院	大阪府箕面市	野菜や花を植える、水をやる、作物を収穫するといった、庭や畑等の屋外空間を利用した園芸活動を通して、自然と関わり、心身ともに快方へ向かうことを目指す

(各病院のホームページより抜粋)

4-11 　住宅

　住宅を取り巻く緑の空間は庭である。庭は、スタイルや規模、コンセプトが常に変化しているが、日本では千年以上も前から行われているものである。なかでも、『作庭記』は平安時代に書かれた日本最古の庭園書といわれ、石のしつらえや、寝殿造の庭園に関して記述されたものである。

　住宅の緑のランドスケープデザインは庭の形であり、機能としては以下の5つが挙げられる。

①　景観向上機能
②　生活環境保全および向上機能
③　緑陰形成機能
④　自然環境保全機能
⑤　防災機能

しかし、機能以上に、住人の嗜好性や管理の度合いが問題になり、目標としては以下のような項目が挙げられる。

- 住む人の個性を活かす
- 景観としてどのような緑を取り入れていくか
- 緑の量をどうするか
- 管理をどのようにするのか
- 完成形はいつか

これらの目標を実践するための方針や手法をまとめる。

4-11-1　詳細な調査

● 住む人

利用者（ここでは住人）が確定しているため、利用者の嗜好や、生活パターン等をヒアリングにより把握しておく。

＜嗜好を聞く例＞

好きな風景、好きな場所、好きな色、好きな植物、好きな素材、嫌いな色、嫌いな植物、思い出の風景、思い出の植物等

＜生活パターンを聞く例＞

平日の生活パターン、余暇の過ごし方、仕事内容

● 周辺地域

隣地との関係も深くなるため、プライバシーについては隣地との境界がどこまでなのか、どんな植物が植えてあるか、形状も把握しながら、隣地だけでなく周囲まで含めどのような緑を取り入れているか現地調査で確認する。

<チェックポイント>

- 接道部分は緑を導入しているか→街の風景の調和
- 借景になるような緑があるか→こちらは控えめな緑とするかどうか
- 生垣には何が使われているか→風や気温に耐える植物、地域性があるか
- キンモクセイのような香りを楽しむものがあるか→重なるとくどくなる
- 樹木が傾いたり、葉が片方だけなくなっていたりしていないか→強風、風の方向の確認
- 多く使われている植物は何か→郷土種、市場性のあるもの
- 建築物はどのようになっているか→建物の取り合いと利用の仕方を把握する。また、外装のデザイン、ボリュームもチェック

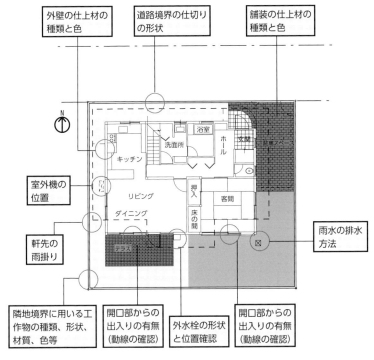

植栽設計では、建築計画との取合いをいかに調整するかが重要になる。
具体的な植栽設計を始める前には最低限、上記の項目を確認すること。

図 4-89　建築との取り合い部分の調査項目

4-11-2　ゾーニングと動線

　詳細な調査を行い、全体のイメージを固めてデザインを進めるが、敷地を
建物、建物の部屋との関係で区切られる空間がどのような使い方、見え方を
するかを検討し、平面図に円を描きながら、このゾーンは「リビングから四季
が感じられる」等、場所についてのイメージ、利用の仕方を書き込んでいく。

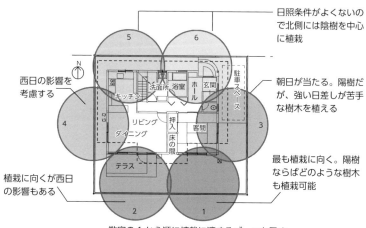

日照条件がよくないの
で北側には陰樹を中心
に植栽

西日の影響を
考慮する

朝日が当たる。陽樹だ
が、強い日差しが苦手
な樹木を植える

最も植栽に向く。陽樹
ならばどのような樹木
も植栽可能

植栽に向くが西日
の影響もある

数字の 1 から順に植栽に適するゾーンを示す

(a) 植栽の適地を確認するゾーング例

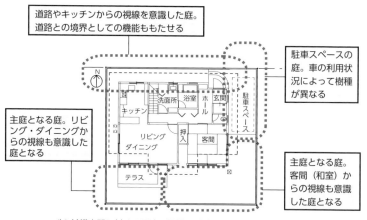

道路やキッチンからの視線を意識した庭。
道路との境界としての機能ももたせる

駐車スペースの
庭。車の利用状
況によって樹種
が異なる

主庭となる庭。リビ
ング・ダイニングか
らの視線も意識した
庭となる

主庭となる庭。
客間（和室）か
らの視線も意識
した庭となる

(b) 外構空間に対する用途や視線・動線を考慮したゾーニング例

図 4-90　ゾーニング図の例

　ゾーンが決定されたら、住人の行動の線（動線）、住人の目線（視線）を矢印で書き込み、通し方、見せ方を検討する。ゾーニングと動線をあわせると、緑の配置の位置、ボリュームの程度がおよそ決まってくる。

　ゾーニングや動線図はおおよそのイメージを決定するもののため、縮尺では1/100や1/200程度で検討するとよい。

4-11-3　各部位のデザイン

　ゾーニングによりおおよその緑のイメージを作ることができたら、それぞれのゾーンの詳細をつめていく。

● エントランス・接道部

　住宅の場合はそれほど大きな規模とならないが、建物として最初にみえるところであり、敷地の規模を感じさせるところとなるため重要なデザインといえる。

　接道となるため、駐車スペースとの取り合いも問題になる。道路から直接建物が見えるよりは緑が少しでもあると潤いのある空間となるとともに、奥行き感を演出できる。

　導入する植物の姿（樹形）や配置の仕方で印象が変わる。針葉樹は円錐形となり上に向かっていく印象があるため、直線的な印象がでる。横に広がる丸い樹形になる広葉樹は建物を柔らかく包む印象になり、建物のエッジを隠すようにするとその効果が増大する。

図4-91　玄関ポーチのシンボルツリー

・配置する場所

建物のエッジや直線を
樹木で隠すことで柔ら
かな印象になる

・緑の位置と見え方

目の高さに緑のボリュー
ムゾーンを設けるとさら
に効果的

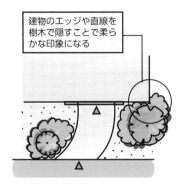

コンクリート打放しのように、重厚で硬質な趣のある建物の印象を和らげるためには、建物の隅や、直線といった幾何学的な部分をなるべく隠すように配植することがポイントとなる。

図 4-92　建物の印象を和らげる配置

・建物全体の印象を和らげる

・建物の印象を強調する

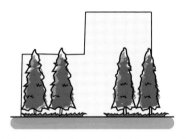

葉の幅は広い広葉樹を中心に建物のエッジを消すように配植すると、建物全体の印象が和らぐ。樹木は高さや位置をランダムにする。

針葉樹を中心に配植すると、直線的なイメージが強調され、硬質な印象になる。樹木は高さや間隔をそろえ、シンメトリーに植える。

図 4-93　建物の印象を操作する配置

　アプローチは狭い場合でも植栽することで奥行き感がでる。狭い場合はボリュームのあまりでない植物で植栽する。毎日通るところのため、花、紅葉、実等の四季の変化が楽しめるものを導入する。

ハナミズキ、ムクゲ、
キンモクセイなど

樹高3m
程度

サツキ、ツツジ

1m程度のスペース

(a)門廻りに1m程度のスペースがとれる場合

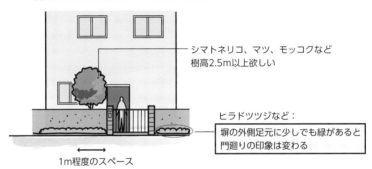

シマトネリコ、マツ、モッコクなど
樹高2.5m以上欲しい

ヒラドツツジなど：

塀の外側足元に少しでも緑があると
門廻りの印象は変わる

1m程度のスペース

(b)門・塀の内側に樹木を植える場合

図 4-94　門廻りの印象を変える植栽

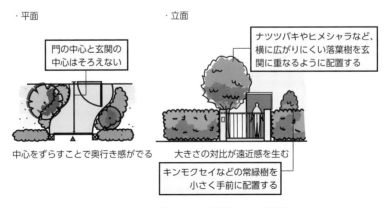

・平面

門の中心と玄関の
中心はそろえない

・立面

ナツツバキやヒメシャラなど、
横に広がりにくい落葉樹を玄
関に重なるように配置する

中心をずらすことで奥行き感がでる

大きさの対比が遠近感を生む

キンモクセイなどの常緑樹を
小さく手前に配置する

図 4-95　アプローチを広く感じさせる植栽

149

● **主庭**

　庭のいちばんの中心であり、リビングやダイニングのように日常頻繁に使う部屋からよく見えるところや客人を招く部屋から見えるところに配置する。使う庭、見る庭等どのように利用するかを検討し、その庭の管理はどの程度なのかを把握する。住む人の嗜好性を生かしたものにする。常緑樹と落葉樹のバランス、樹木（木本）と草花（草本）とのバランスはデザインにも関係するが、管理にも影響を及ぼす。日当たりの状態で導入する植物が変わるため、周囲の建物、樹木、構造物を検討し、日影の状態を把握したうえで、植栽の位置を決める。

表 4-25　落葉樹と常緑樹のバランス

常緑樹	落葉樹	雰囲気
9	1	標準的な日本庭園のイメージ。暖かい地区の植栽。やや重い感じ
6	4	落葉樹が目立ちバランスよくみえる。秋にやや落葉の手入れが必要
3	7	柔らかな印象。冬季は葉がなくなるため寂しい。イギリスの庭園、涼しい気候のイメージ。秋の落葉の手入れが必要

　部屋に近い部分は庭にでられるように空間をとると広さを感じる。植物を多く植える部分を作る場合、管理動線を考えて植栽をしないところも作る。

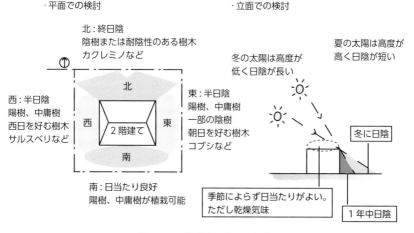

図 4-96　検討すべき日照条件

①夏至の日陰
測定面の高さ＝1m、緯度＝36度
測定時間 8 〜 16 時

夏にもほとんど日差しが期待できない
場所。極陰樹か耐陰性が強いものを植
える。カクレミノ、ヒイラギナンテン
など

夏の西日が厳しい場所。陽樹で西
日に耐えるものを植える。アキニ
レ、カイヅカイブキ、サルスベリ
など

②冬至の日陰
測定面の高さ＝1m、緯度＝36度
測定時間 8 〜 16 時

夏に1日中日差しがある場所。
陽樹を中心に構成。ウメなど

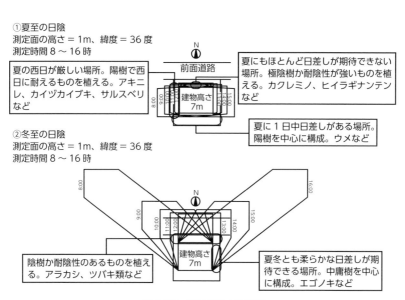

陰樹か耐陰性のあるものを植え
る。アラカシ、ツバキ類など

夏冬とも柔らかな日差しが期
待できる場所。中庸樹を中心
に構成。エゴノキなど

図 4-97　日影図による確認

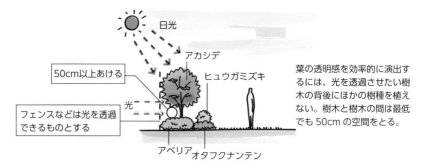

50cm以上あける

フェンスなどは光を透過
できるものとする

アカシデ

ヒュウガミズキ

アベリア　オタフクナンテン

葉の透明感を効率的に演出す
るには、光を透過させたい樹
木の背後にほかの樹種を植え
ない。樹木と樹木の間は最低
でも50cmの空間をとる。

図 4-98　東・西・南の庭

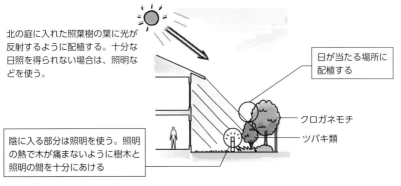

北の庭に入れた照葉樹の葉に光が反射するように配植する。十分な日照を得られない場合は、照明などを使う。

日が当たる場所に配植する

クロガネモチ

ツバキ類

陰に入る部分は照明を使う。照明の熱で木が痛まないように樹木と照明の間を十分にあける

図 4-99　北の庭

● そのほかの庭

　浴室はゆったりと時間を過ごすことも多いため、湯船に入ったときに見えるようにボリュームをおさえながら植栽をする。台所周辺は食事に利用できる植物 (食べる、飾る) を植栽するとよい。

4-12 屋上緑化・壁面緑化

　植物による環境緩和効果を生かす建築が多く作られるようになり、工法もいろいろ開発されている。植物はもともと屋外の地面に根を生やし、日光に向かい伸びるためその本質を曲げないような工法を選択することが大事である。

　植物が地面から切り離された環境におかれたら、水遣り、施肥を人や機械が行うことになるため、通常の緑化管理以上に計画しておく必要がある。

4-12-1 屋上緑化

　屋上緑化は建物の断熱効果と同時に、水分の蒸散作用により周囲の冷却効果を期待できる。建物の寒暖を穏やかにすることで、省エネルギーと都市の

ヒートアイランド化を防ぐことができる。屋上緑化のポイントは、建物の構造、土壌、風、樹種である。

　屋上に植物を配置することは、重い荷物が載ることと同等である。厚さ10cmの普通土壌は1m^{2}当たり160kgになり、それに樹木が加わると200kgを超えてしまう。住宅程度の屋上は植栽があることを想定しておらず多雪区域以外では積載荷重を180kg/m^{2}を目処に作られていることが多いため厚さ10cmの土壌ですでに荷重オーバーとなる。あらかじめ屋上緑化をすることがわかっていれば建物構造を基準以上の積載荷重にしておく必要がある。土壌だけでなく樹木も成長してくると重くなるため、その重さに十分に耐えられるように作っておく。既存の屋上等で緑化する場合は普通土壌の60〜80％の荷重の人工土壌を利用する。そして、柱や梁にあたる部分に設置するとよい。軽量土壌は、軽量かつ、粘着性が低いことから、風で飛ばされやすく、しっかりと植物をおさえにくい。風の影響と植える植物の高さと広がりを考えて導入を検討する。高木、中木については植栽当初も風の影響で枯れないように、支柱をしっかり設置することが要求される。

　屋上緑化に向いている植物には乾燥に強いこと、風に強いこと、日照りに強いことが求められるため、樹種が限られる。一般的に常緑樹がそれらの要素に強く、モミジ類の落葉広葉樹で水を好むものはもっとも適合しない。また、積載荷重のことと管理のことを考慮すると、ケヤキやソメイヨシノのように成長が早く大木になるものは向かない。カキやクリのように大きくて硬い実をつけるものは風で実が階下に落ちて危ないため、避けたほうがよい。

図 4-100　オリーブは暑さ、乾燥に強く屋上緑化に最適

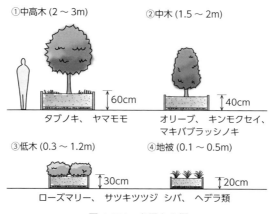

①中高木 (2 ～ 3m)　②中木 (1.5 ～ 2m)

60cm　40cm

タブノキ、　ヤマモモ　オリーブ、　キンモクセイ、
マキバブラッシノキ

③低木 (0.3 ～ 1.2m)　④地被 (0.1 ～ 0.5m)

30cm　20cm

ローズマリー、　サツキツツジ　シバ、　ヘデラ類

図 4-101　必要な土厚

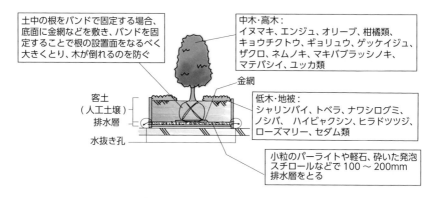

土中の根をバンドで固定する場合、
底面に金網などを敷き、バンドを固
定することで根の設置面をなるべく
大きくとり、木が倒れるのを防ぐ

中木・高木：
イヌマキ、エンジュ、オリーブ、柑橘類、
キョウチクトウ、ギョリュウ、ゲッケイジュ、
ザクロ、ネムノキ、マキバブラッシノキ、
マテバシイ、ユッカ類

金網

客土
（人工土壌）

排水層

水抜き孔

低木・地被：
シャリンバイ、トベラ、ナワシログミ、
ノシバ、　ハイビャクシン、ヒラドツツジ、
ローズマリー、セダム類

小粒のパーライトや軽石、砕いた発泡
スチロールなどで 100 ～ 200mm
排水層をとる

図 4-102　屋上緑化に向く代表的な樹種と設置のポイント

4-12-2　壁面緑化

　屋上緑化とともに夏季の暑さしのぎとして導入されるのが壁面緑化である。環
境に優しい外壁のデザインとして壁面緑化を取り入れる場合も多くみられる。

　壁面の日射を和らげ、高温になりにくくすることで室内の温度を下げる効果
を期待する場合は、南から西に向かって植栽を設置する。冬季は日当たりが
よいほうがいいため緑化がなくなる落葉樹や一年草で行うほうがよい。

表 4-26　日照を和らげる効果のあるツル植物

常緑樹	落葉樹
イタビカズラ、カロライナジャスミン、キヅタ、スイカズラ、テイカカズラ、ヘデラヘリックス、ムベ	アケビ、キウイ、クレマチス、ゴーヤ（一年草）、フジ、ヘチマ（一年草）

● ツルが絡みつく条件

　ツル植物には壁面に直接張り付いて上っていく種類と、紐や樹木等に絡まって上っていく種類がある。壁面に張り付く種類は、壁面表面にざらつきがあるものでないと張りつかない。常時強風が吹いているような場所は、ツルが絡みつくタイミングが取りにくくなるため上っていかない。絡みつく紐で、金属性のものは夏季に紐自体が熱くなり植物が絡みにくくなるため、自然素材のもの（棕櫚縄、木綿、木材）がよい。また、金属でも熱くならないようにコーティング材を塗布すれば比較的絡みついてくれる。

　壁面に植物を這わせて上らせる方法は、表 4-27 のとおり 3 つのパターンがある。

図 4-103　紐に絡まるテイカカズラ

図 4-104　壁に張り付くイタビカズラ

表 4-27　壁面緑化のパターン

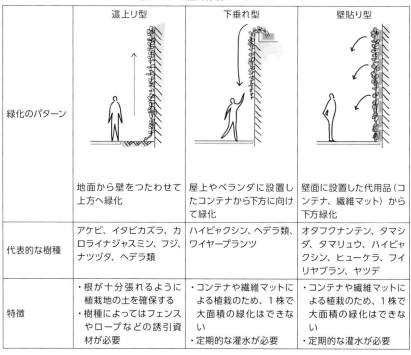

緑化のパターン	這上リ型	下垂れ型	壁貼り型
	地面から壁をつたわせて上方へ緑化	屋上やベランダに設置したコンテナから下方に向けて緑化	壁面に設置した代用品（コンテナ、繊維マット）から下方緑化
代表的な樹種	アケビ、イタビカズラ、カロライナジャスミン、フジ、ナツヅタ、ヘデラ類	ハイビャクシン、ヘデラ類、ワイヤープランツ	オタフクナンテン、タマシダ、タマリュウ、ハイビャクシン、ヒューケラ、フイリヤブラン、ヤツデ
特徴	・根が十分張れるように植栽地の土を確保する ・樹種によってはフェンスやロープなどの誘引資材が必要	・コンテナや繊維マットによる植栽のため、1株で大面積の緑化はできない ・定期的な灌水が必要	・コンテナや繊維マットによる植栽のため、1株で大面積の緑化はできない ・定期的な灌水が必要

　最も自然な方法は、植物を地上から這わせて上らせる方法で、土の地面と上ることができる壁面か絡みつく紐状のものであれば植栽可能である。

　上部から垂れさせるタイプは、垂れる特性のあるツル植物は地植えにしたときより伸びることもあるため、比較的早期に緑化できる。日当たりのよい上部で限られた空間に土があるため乾燥しやすいことから、水遣りを頻繁にしなければならない。根の長さの割合により伸びる長さが制限されるため、長く伸ばすということであれば土が入る植栽桝の部分を大きくする必要がある。

　壁面に鉢を入れることができる資材や、マット状の土を設置して、壁に直接植栽する方法もある。マットや鉢の深さが比較的浅いため水の乾きが早く、自動灌水施設とセットの工法となる。大きな壁面では、上部と下部、向きによって乾燥度が変化するため成長の度合いが違ってくることから、水の量により植物の種類を決定する。

図 4-105　鉢ごとセットした壁面緑化（愛・地球博）

　壁面を均一に緑化することは難しい。しかも、ツルの先はいろいろな方向に伸びるため、人の手で誘引する必要がある。また、ツルは日照が当たる方向に伸びて葉が茂るため、むらになりやすい。

　なお、早期に緑化したい場合はこれらの工法を混ぜて行うとよい。

4-13 ┃ 生態系を生かした緑の空間

　これまで都市部では開発が優先されてきたため、緑豊かな自然を感じることができなくなっている。そのため、緑化の意味も、緑の景色として自然を取り入れるだけでなく、自然を再現し、虫や小動物等の生態系が息づく場所を作ろうとする考え方が生まれるようになった。

4-13-1 ┃ ビオトープ

　ビオトープとはギリシャ語の、生命（Bio）と場所（Tops）という2つの言葉を組み合わせた造語である。ドイツで生まれた発想で、生物社会の生息空間を指す。広い意味では豊かな自然環境はすべてビオトープといえるが、人が

生活する場所やそのそばに自然環境を作ることをビオトープとしている。昆虫、魚類、鳥類、小動物が生息できる、あるいは飛来できる空間を作ることを目指す。

　日本では、ビオトープといえば池にメダカが泳ぎ、トンボが飛来するという水辺のイメージが強いが、生物が暮らす場所を作ることができれば水辺でなくても野原でも、樹林でもかまわない。水辺になりがちなのは、水辺は水、湿地、草地、樹林地と徐々に乾いていく環境が様々な生き物、植物が入り込める可能性があるため、多種多様な生物を誘導できるからである。水は湧水や地下水、雨水等、塩素が混ざっていない（消毒されていない）水を利用する。

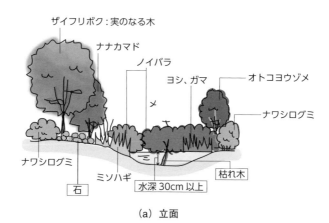

(a) 立面

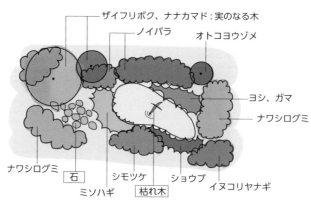

(b) 平面

図 4-106　ビオトープ設置例

4-13-2 鳥の集まる緑地

　樹木が1本しかない空間でも実を食すため、蜜をとるため、葉につく虫を食べるため、巣を作り子供を育てるため、眠るために鳥はやってくる。池のあるビオトープを作るには水を常時供給する仕組みを導入しなければならないが、鳥や虫を呼ぶだけならば樹木を植えればよい。鳥を誘導するためには前述した行為を促すための樹種を選ぶ。鳥が実を食する樹木を食餌木といい、表4-28のような樹種が挙げられる。食餌木が入る緑地を作る場合は、鳥の天敵になるような生物が近づかないこと、鳥の糞が落ちたりすることで周辺が汚れることも考慮し設置する。

　ゴミを荒らす、食べ物を盗む等、問題になりやすいカラスは、巣作りや眠る場所を人の目が届きにくい常緑樹の高木の高いところに設置する。これを避けるためには、樹木の種類を落葉樹にすることや、常緑樹の場合は常に剪定し、見通しのよい状態にする。

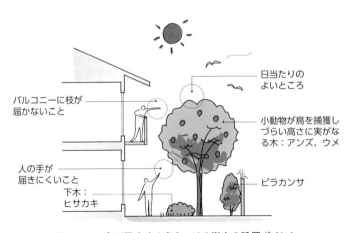

図4-107　鳥が飛来する実をつける樹木の設置ポイント

表4-28　植栽に向く樹木と集まる鳥

樹木	鳥
クスノキ	アカハラ、オナガ、カラス、キジバト、コジュケイ、ツグミ、ヒヨドリ、メジロ、ヤマドリ、レンジャク
クロガネモチ	アカハラ、カケス、キジ、コジュケイ、ジョウビタキ、シロハラ、ツグミ、ヒヨドリ、レンジャク
マサキ	アカハラ、カワラヒワ、キジ、コジュケイ、ジョウビタキ、シロハラ、ツグミ、ヒヨドリ、ヤマドリ、レンジャク
ヒサカキ	アオゲラ、アカハラ、オナガ、カラス、カワラヒワ、キジ、キジバト、コジュケイ、ジョウビタキ、シロハラ、ツグミ、ヒヨドリ、ホオジロ、マガモ、メジロ、ヤマドリ、ルリビタキ
アカマツ	アオゲラ、カケス、カワラヒワ、キジ、キジバト、コジュケイ、シジュウカラ、スズメ、ツグミ、ヒヨドリ、ホオジロ、マヒワ、ヤマガラ、ヤマドリ
イチイ	アカゲラ、カケス、カワラヒワ、シメ、シロハラ、ツグミ、ヒヨドリ、メジロ、ヤマドリ
イボタ	アカハラ、オナガ、キジ、シジュウカラ、ツグミ、ヒヨドリ、メジロ、ヤマドリ
ウグイスカグラ	オナガ、カケス、カラス、キジバト、コムクドリ、ヒヨドリ、ムクドリ
ウコギ	アカゲラ、アカハラ、キジ、キジバト、コムクドリ、ツグミ、ヒヨドリ、マヒワ、ムクドリ
エゴノキ	カケス、カラス、カワラヒワ、キジ、キジバト、コジュケイ、シメ、シロハラ、ツグミ、ヒヨドリ、ムクドリ、メジロ、ヤマガラ
エノキ	アカハラ、オナガ、カケス、コジュケイ、コムクドリ、シメ、シロハラ、ツグミ、ヒヨドリ、ムクドリ、メジロ、レンジャク
カキノキ	アカハラ、オナガ、カラス、キジ、コジュケイ、シジュウカラ、シメ、ツグミ、ヒヨドリ、ムクドリ、メジロ、レンジャク
ガマズミ	アオゲラ、オナガ、キジ、キジバト、コジュケイ、ジョウビタキ、ツグミ、ヒヨドリ、ヤマドリ
クワ	アカハラ、オナガ、カラス、キジバト、コムクドリ、シロハラ、ヒヨドリ、ムクドリ、メジロ
クロマツ	カワラヒワ、キジ、キジバト、コジュケイ、シジュウカラ、シロハラ、スズメ、ホオジロ、ヤマガラ、ヤマドリ
サンショウ	オナガ、カラス、カワラヒワ、キジ、キジバト、コムクドリ、ジョウビタキ、ヒヨドリ、メジロ、ルリビタキ
ソメイヨシノ	アカハラ、ウソ、オナガ、カケス、カラス、キジ、キジバト、コムクドリ、シジュウカラ、ヒヨドリ、ムクドリ、メジロ、ヤマドリ
ノイバラ	アオゲラ、アカハラ、オシドリ、オナガ、キジ、キジバト、コジュケイ、コムクドリ、ジョウビタキ、シロハラ、ツグミ、ヒヨドリ、ムクドリ、ヤマドリ、レンジャク、ルリビタキ
ムクノキ	アカハラ、オナガ、カラス、キジ、キジバト、コジュケイ、シメ、シロハラ、ツグミ、ヒヨドリ、ムクドリ、ヤマドリ、レンジャク
ムラサキシキブ	アオゲラ、ウソ、オナガ、カワラヒワ、キジ、キジバト、コジュケイ、シロハラ、ツグミ、メジロ

4-13-3　生態系のバランスを崩さない

　図 4-108 は生態系のピラミッドといわれるもので、下から上へ向かって、土のなかに棲むバクテリア、菌、虫（分解者）、地上にある植物（生産者）、その植物を食べる虫、動物、その動物を食べる動物（消費者）という階級があり、上に行くほど数が減る構造となっている。下部の何かが失われれば、上部のほとんどがなくなっていってしまうことになる。このバランスを常に考え、自然の状態を改変により起こるダメージを想定しながら緑地の保護や保全を行うことが重要である。

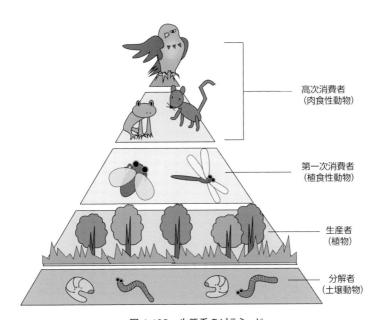

図 4-108　生態系のピラミッド

4-14　自然の保全と復元

　自然のまま手つかずに残していこうとするのが保護で、保護しながらも安全な状態を作ることが保全となる。人に近い地区では、自然を保護するだけでは人にも自然にも不都合なことが多く発生する。保護するだけでなく安全を確保し、保全することが重要となる。

4-14-1　里山の復元

　人が生活するところと自然は隣り合うわけでなく、図 4-109 のように、徐々に自然に移行している。移行している空間がいわゆる里山であり、人が自然を利用した部分である。人口が増え、人の居場所を確保するために徐々に里山が開発され、人が生活することで排出される汚染された空気により自然が衰退していっている。

　このような都市環境の悪化が叫ばれるようになってから、人が自然と寄り添い、その恩恵をうける里山の役目が見直されている。自然を復元するそばには里山やあるいは里山的な役目となる場を作ることが必要である。里山は薪や、炭に加工できるコナラ、クヌギ等の落葉樹の雑木林（雑木林）や田畑があるような空間を作る。

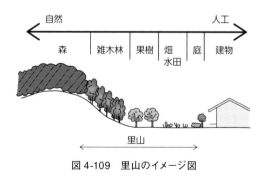

図 4-109　里山のイメージ図

4-14-2　森林の復元

　日本の国土の約 60%が森林といわれ、その森林は人工林と天然林の 2 つに大きく分かれる。人工林は材として使う樹木を人が植林したもので、材の需要が多く殺到した関東大震災後、第 2 次世界大戦後に多く植えられた。その樹種はスギ、ヒノキ、カラマツ、アカマツ、クロマツ、エゾマツ、トドマツ等、比較的成長が早く、材として利用しやすい樹種であった。

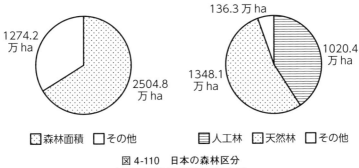

1274.2
万 ha

2504.8
万 ha

136.3 万 ha

1020.4
万 ha

1348.1
万 ha

▨森林面積　□その他　　▤人工林　▧天然林　□その他

図 4-110　日本の森林区分
（森林・林業統計要覧 2020 より）

　戦後植えられたスギやヒノキは、樹齢 60 年を超え、建築資材として利用できる大きさになっているが、1970 年代から導入された安い外国産の材が盛んに使われることで需要が減り、手入れのされない植林地が増えている。そのため山が荒れ、人工林にしたことで自然のバランスが崩れている。

● 森林の遷移

　手入れのされてない植林地のなかで、特に針葉樹のものは土砂崩れ等の被害も多い。そこで自然の森に戻すような復元を行う場合がある。植林地の針葉樹を適宜間引き、あいたところに落葉樹の苗木を植え、徐々に自然植生に沿った落葉樹に植え替えるようにする。一斉に植林地を伐採するとまた表土が流れてでてしまうため、徐々に行うようにしなければならない。

● ドングリの植林

　自然の森に戻すときに、森を構成する樹種の苗を植えるということだけでは
もともとあった自然にならない。どこかで購入した苗を植林するのではなく、
従来からその場所に生えていたもので復元することが重要である。その森を
作ろうとする周辺の自然にある植物の種や枝から苗を育てたものを使い、植
林する方法が正しい。その代表的なものがドングリの植林である。ドングリは、
ブナ科の植物の実の総称で、日本の野山でドングリが取れるものは、落葉樹
のブナ、コナラ、クヌギ、ミズナラ、カシワ、クリ、常緑樹のスダジイ、ツブ
ラジイ、アラカシ、シラカシ等がある。ドングリを拾い、土に植えると次の年
の春にはうまくいけば芽がでるため、2〜3年で苗を作ることができる。高さ
30cmほどに育った苗を50cmほどの間隔で植えつけ、下草刈り等の手入れをし、
森にしていく。ドングリにこだわらず地域の植生を生かし、苗を育てていくこ
とが大事である。

図 4-111　どんぐりプロジェクト（愛・地球博記念公園）

4-14-3　水辺の復元

　4-13-1 項「ビオトープ」のところで述べたように、水〜樹林までは様々な生
き物が住むと同時に植物も多く出現する。特に日本は、河川、湖沼、海と水
の形態が様々であり、その形態の違いにより植物が存在する。水の流れが強
く、速いところは植物が育ちにくい。また、海の水（塩水）は植物が好まない
ためその周辺に生えるものが少ない。

● 淡水

　淡水の場合は、水の深さが 1m を超えると水温も上がりにくくなり、植物が留まりにくい。水辺に植栽する場合は水深1m 以下にするようにする。

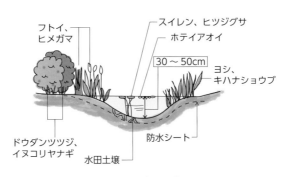

図 4-112　水辺の復元

表 4-29　水辺に使える植物

	植物名
湿性植物	カキツバキ、キハナショウブ、クサレダマ、サギソウ、サワギキョウ、タコノアシ、ノハナショウブ、ミズトラノオ、ミソハギ、ミミカキグサ
抽水植物	アギナシ、オモダカ、ガマ、コウホネ、サンカクイ、ショウブ、スイレン、ヒメガマ、フトイ、マコモ、ミズアオイ、ミクリ、ミツジグサヨシ（アシ）
浮葉植物	アサザ、オニバス、ガガブタ、ジュンサイ、デンジソウ、ハス、ヒシ、ヒツジグサ、ヒルムシロ
浮遊植物	ウキクサ、タヌキモ、トチカガミ、ホテイアオイ、ムジナモ
枕水植物	セキショウモ、ホザキノフサモ、マツモ、ミズオオバコ

● 海辺

　塩は植物が嫌う物質のひとつで、塩が混ざった土、水、風のなかに好んで育つ植物はいない。耐えるという状態で存在する。日本では、土や水等のなかの塩分濃度が上がるとほとんどの植物は生育できない。そのため、海水に近いところに育つ植物は限られる。波が打ち寄せ、潮の満ち引きがあるところは植物が育たない。マングローブは海と川の出会う汽水域に分布する植物林で、日本では西表島等の亜熱帯に近い気候に広がる。マングローブ林を構成する樹種は西表島ではメヒルギ、オヒルギ等のヒルギ類で、水のなかに根を

伸ばしてゆっくりと成長している。これらを復元するには、山に森林を復元するより時間がかかることから、消失しないようにすることが大事である。

図 4-113　石垣島のマングローブ林

クロマツやイヌマキのような常緑針葉樹は潮風に強いため、海の防風林、防砂林に使われる。潮風は直接あたらなくても少し離れたところでも影響があるため、海に近い部分での緑地の復元は風の影響を十分読み取ることが必要である。また、砂浜がある場合は砂が風と共にあたるようなことになるため、その影響も考慮する必要がある。

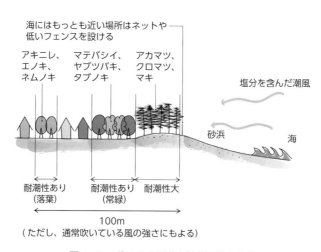

図 4-114　海からの距離と植栽可能な植物

Chapter 5

植栽計画

　ランドスケープデザインの重要な要素である植物についてどのように計画すればよいかを詳細に説明する。

　植栽とは、辞書には「草木を育てること」（大辞林：三省堂）とあるように、通常、植物を栽培することを意味する。しかし、建築や土木、造園の世界では、植物を育て観賞するという目的以外にも、植物の機能的な特性や管理方法を考慮しながら、植物を適所に配置することを指す。このように植栽計画は植物の配置計画を行うことで植物や地域や人にとって最適な環境を享受できるようにすることである。

5-1 ランドスケープで扱う植物

　日本には自然に約7000種の植物があるといわれ、その4割が固有種といわれている（固有種とはその国、あるいはその地域にしか生息・生育・繁殖しない生物学上の種のこと）。固有種以外に、日本であればアジア地域、あるいは温帯地域に自然に広くみられるものを在来種といい、日本には自然にみられなかった海外から導入されたものを外来種、そして固有種や在来種、外来種で改良されたものを園芸種といい、日本国内では非常に多くの種類の植物をみることができる。そのうちランドスケープで扱うものは市場性、汎用性があり生育、管理しやすいもので、コケ類、シダ類、草本類（一般に草と呼ばれるもの）、木本類（一般に樹木、木と呼ばれるもの）となり、主に使われるのは約300種である。特に重要となるものが木本類で、景色の要であり、工事でもいちばん手間のかかる部分である。

図 5-1　庭木で利用される常緑広葉樹のアオキも日本固有種

5-1-1 樹木について

● 草と樹木の違い

　草と樹木の違いにはいろいろな分類があるが、ここでは一〜二年経っても地上部に幹が残るものを樹木、残らないものを草とする。

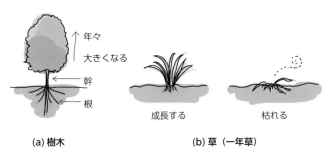

図 5-2　樹木と草の違い

● 樹木の名前

　国内で発見されたり利用されたりしている樹木は、すべて科、属、種の3つに分類され、それぞれに名前がある。分類の流れは図5-3のようになっており、種名は植物図鑑の見出しに使われる普通名のことでその国の呼び名である。日本での呼び名を和名という。植栽計画では通常は普通名（和名）を用いる。このほかにはラテン語で表記する学名（サイエンスネーム）があり、これは世界共通となっている。

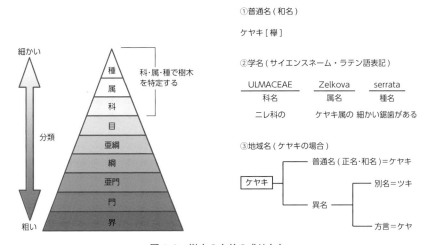

図 5-3　樹木の名前の成り立ち

　近年導入された外来種は、ヒペリカム・カリシナムのように和名をつけず、

そのままラテン語をカタカナ表記したものが多い。また、クリスマスローズやブライダルベールのように消費者に親しみやすいような名前を流通関係者や園芸業者がつける場合もある。古くから植栽や建築資材で使われるものについては、和名の他に地域名というものもあり、図鑑では別名として書かれている。

表 5-1　よく使われる樹木の別名

種名	別名
ケヤキ	ツキ、ケヤ
イヌシデ、アカシデ	ソロ
ナツツバキ	シャラ
クロガネモチ	モチ
ハリギリ	セン

図 5-4　クリスマスローズ（オリエンタリス）
クリスマスローズにはニガーとオリエンタリスがある
オリエンタリスは 2 〜 3 月に花が咲くが一般的にクリスマスローズと呼んでいる

● 常緑樹と落葉樹

　樹木は葉の四季の変化から常緑樹と落葉樹と半落葉樹に分類される。常緑樹はマツ類やクスのように一年を通し葉が茂る状態の樹木で、落葉樹はカエデ類やサクラ類のように寒くなる秋〜冬にかけて紅葉し、落葉するものをいう。半落葉樹はその中間種で、ヤマツツジやシマトネリコのように秋〜冬にかけてひどく寒いと落葉し、暖かいとほとんど落葉しないものである。常緑樹の

葉は樹木が老いて枯れるまでずっとついているわけではなく、なかには30年にもおよび落葉しないものもあるが、通常は一〜二年の周期で生え代わっている。特に新芽のでる春は落葉する量が多い。

春　夏　秋　冬

・葉がやや多めに落ちる　・葉がやや落ちる　・葉がやや多めに落ちる　・葉がやや落ちる
・花がひそかに咲いている　　　　　　　・実 (ドングリ) がなる

(a) 常緑樹 (シラカシの場合)

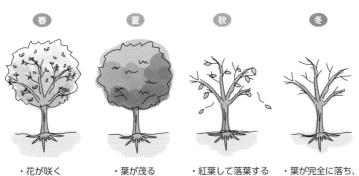

春　夏　秋　冬

・花が咲く　・葉が茂る　・紅葉して落葉する　・葉が完全に落ち、
・新芽がでる　・実がなる　　　　　　　幹姿となる

(b) 落葉樹 (ソメイヨシノの場合)

図 5-5　常緑樹と落葉樹の違い

表 5-2　常緑樹・落葉樹の代表的な樹種

常緑樹	
高木・中木	アカマツ、アラカシ、イヌマキ、キンモクセイ、クスノキ、クロガネモチ、サカキ、サザンカ、サンゴジュ、シラカシ、スギ、タブノキ、ニオイヒバ、ヒマラヤスギ、モチノキ、モッコク、ヤブツバキ、ヤマモモ
低木・地被	クルメツツジ、サツキツツジ、シャリンバイ、ジンチョウゲ、センリョウ、トベラ、ヒサカキ、フッキソウ、マンリョウ、ヤブコウジ
落葉樹	
高木・中木	アキニレ、イチョウ、イヌシデ、イロハモミジ、ウメ、エノキ、カキ、ケヤキ、クヌギ、コナラ、コブシ、サルスベリ、シダレヤナギ、シラカンバ、ソメイヨシノ、ハナミズキ、ヒメリンゴ、ムラサキシキブ、ヤマボウシ
低木・地被	アジサイ、ガクアジサイ、コデマリ、シモツケ、ドウダンツツジ、ニシキギ、ヒュウガミズキ、ヤマブキ、ユキヤナギ、レンギョウ

● 針葉樹と広葉樹

　大雑把に針葉樹と広葉樹の分類についていえば、サクラ類の葉のように広い楕円の形をしたものや、カエデ類の葉のように手のひら型のものを広葉樹、マツ類やスギのような針のように尖った形のものを針葉樹という。植物学的には広葉樹は被子植物、針葉樹は裸子植物になるため、見た目が葉の広いタイプのイチョウ、ナギは裸子植物のため針葉樹になる。針葉樹と広葉樹は葉の違いだけでなく、樹木全体の形（樹形）も大きく2つに分かれるため、広葉樹と針葉樹の量や並び方のバランスでランドスケープとしての印象が大きく変わる。

・針葉樹　　　　　　　　　　　　・広葉樹

アカマツ	ヒノキ	ナギ	シラカシ	クスノキ	イロハモミジ
イヌマキ	サワラ		ソメイヨシノ	ゲッケイジュ	オオモミジ
モミ					ヤツデ

図 5-6　針葉樹と広葉樹の代表的な葉の形

図 5-7　樹姿が横に広がる広葉樹のソメイヨシノと縦に伸びる針葉樹のスギ

表 5-3　代表的な広葉樹と針葉樹

	高木・中木		低木・地被	
	常緑	落葉	常緑	落葉
広葉樹	アラカシ、キョウチクトウ、クスノキ、クロガネモチ、ゲッケイジュ、サザンカ、サンゴジュ、シマトネリコ、シラカシ、ソヨゴ、タブノキ、タイサンボク、タラヨウ、ハイノキ、モチノキ、ヤブツバキ、ヤマモモ	アカシデ、アキニレ、アンズ、イヌシデ、イロハモミジ、ウメ、クヌギ、ケヤキ、コナラ、コバノトネリコ、コブシ、サンシュユ、サルスベリ、シダレヤナギ、ソメイヨシノ、ナツツバキ、ハナカイドウ、ハナミズキ、ヒメシャラ、プラタナス、ヤマザクラ、ヤマボウシ	アオキ、エニシダ、オオムラサキ、キリシマツツジ、クチナシ、クルメツツジ、サカキ、サツキツツジ、シャリンバイ、センリョウ、トベラ、ヒサカキ、ハマヒサカキ、ヒイラギモクセイ、ヒメクチナシ、ヒラドツツジ、ナンテン、マンリョウ、ヤブコウジ、クマザサ、コグマザサ、ヤブラン	アジサイ、ガクアジサイ、クサボケ、コデマリ、コムラサキシキブ、シモツケ、ドウダンツツジ、ニシキギ、ニワウメ、ヒメウツギ、ヒュウガミズキ、ミツバツツジ、ミツマタ、ヤマブキ、ユキヤナギ、レンギョウ
針葉樹	アカマツ、イヌマキ、カイヅカイブキ、クロマツ、スギ、ニオイヒバ、ヒノキ、ヒマラヤスギ、レイランドヒノキ	イチョウ、カラマツ、メタセコイア、ラクウショウ	キャラボク、ハイビャクシン、フィリフェラオーレア	－

● 樹木の形状

　植栽で使われる樹木は、形状を指定して設計、施工する。形状は樹高（H）、葉張り（W）、幹周（C）の寸法で表される。樹高は根元から幹の先端までの寸法で、一本だけ突出した（徒長枝）ものは入れない。同様に葉張りも突出

したものは入れずに平均の枝の広がりの寸法とする。幹周は地上から 1.2 m の
ところの寸法とするが、下枝があるような場合はその旨を記載して下から何 m
のところの幹周とする。地上から幹がたくさん分かれている株立ちの場合はす
べての幹周長を足して 0.7 を乗じた値とする。樹高が 2m 以下のもので、枝
分かれしたものや、非常に細いものは幹周を指定せずに、葉張りと樹高を指
定する。

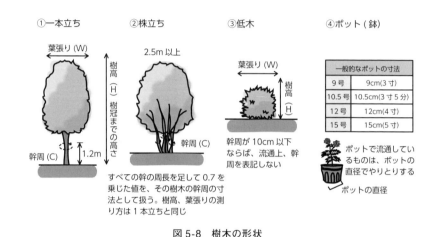

図 5-8　樹木の形状

　植物図鑑や、植生調査等で用いる分類とは違い、植栽計画では、樹高に
より、高木、中木、低木というカテゴリーが使われる。厳密なルールはない
が、植栽施工した際や、十年程度経過した段階で、樹高が高木は 2.5 m 以上、
中木は 1.5 m 以上 2.5 m 未満、低木は 0.3 m 以上 1.5 m 未満、という区分
を用いることが多い。

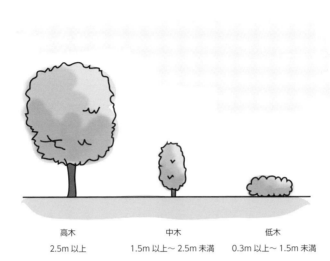

高木	中木	低木
2.5m 以上	1.5m 以上〜 2.5m 未満	0.3m 以上〜 1.5m 未満

図 5-9　樹木の高さによる分類

● 陽樹と陰樹

　樹木は成長に必要な日照量によって分類されている。もともと日当たりのよい場所に生息し、日差しを好む樹木を陽樹という。日当たりを嫌い、湿気のある暗い環境を好む樹木を陰樹という。また、陽樹と陰樹の中間的な性質をもち、適度の日当たりと日陰を好む樹種を中庸樹という。

　陽樹は、南側の日当たりのよい場所への植栽が適しており、陰樹は日当たりの悪い北側や、他の樹木の陰になるような下木として植栽する場合に適している。中庸樹は午前中の優しい日差しは好むが午後の厳しい日差しを嫌うため、午前に日が当たる場所に配置する。陰樹のなかにはヒノキのように日当たりのよい場所でも生育できるものもあるが、陽樹のほとんどは日当たりの悪いところでは生育できない。

図 5-10　極陰樹のカクレミノ

175

表 5-4　代表的な陽樹・陰樹

	中木・高木	低木・地被
極陰樹	イチイ、イヌツゲ、カクレミノ、クロモジ、コウヤマキ（成木は陽樹）、ヒイラギ、ヒノキ	アオキ、アセビ、ジンチョウゲ、サルココッカ、センリョウ、ナギイカダ、マンリョウ、ヤツデ、ヤブコウジ
陰樹〜中庸樹	アブラチャン、シラカシ、ドイツトウヒ、ヒイラギモクセイ、ヒメシャラ	アジサイ、ガクアジサイ、シロヤマブキ、ナンテン、ヒイラギナンテン、ヒカゲツツジ、ヒサカキ、ヤマブキ
中庸樹	イチジク、エゴノキ、コバノトネリコ、コブシ、サワラ、シデコブシ、スギ、ツリバナ、ナツツバキ、ビワ	アベリア、カルミア、キブシ、サンショウ、トサミズキ、バイカウツギ、ビヨウヤナギ、ホザキシモツケ、ミツバツツジ、ムラサキツツジ、ロウバイ
中庸樹〜陽樹	イロハモミジ、エノキ、カツラ、クヌギ、ゲッケイジュ、コナラ、ザイフリボク、ジューンベリー、スダジイ、セイヨウシャクナゲ、ソヨゴ、タブノキ、ツバキ類、トチノキ、ノリウツギ、ハクウンボク、ハナミズキ、ブナ、マユミ、モミ、ヤブデマリ、ヤマボウシ、ヤマモモ、ライラック、リョウブ	オオデマリ、カシワバアジサイ、ガマズミ、カンツバキ、キンシバイ、クチナシ、コクチナシ、シモツケ、チャ、ニシキギ、ハコネウツギ、ハマナス、ヒメウツギ、ヒラドツツジ、フジ、ボタンクサギ、ミツマタ、ユキヤナギ
陽樹	アオギリ、アカマツ、アキニレ、アメリカデイゴ、アラカシ、ウバメガシ、ウメ、オリーブ、カイヅカイブキ、カナメモチ、カリン、ギョリュウ、キンモクセイ、ギンヨウアカシア、クリ、クロガネモチ、ケヤキ、サクラ類、サルスベリ、サンザシ、サンシュユ、シコンノボタン、シダレヤナギ、シマサルスベリ、シマトネリコ、シモクレン、シラカンバ、タイサンボク、トウカエデ、ナンキンハゼ、ニオイヒバ、ハナズオウ、ハナモモ、ハルニレ、フェイジョア、ブッドレア、マサキ、マテバシイ、マンサク、ムクゲ、モチノキ、モッコク、リンゴ	ウツギ、ウメモドキ、エニシダ、オウバイ、オオムラサキツツジ、キョウチクトウ、キリシマツツジ、ギンバイカ、キンメツゲ、クサツゲ、コデマリ、コノテガシワ、サツキツツジ、シャリンバイ、ドウダンツツジ、トキワマンサク、トベラ、ナワシログミ、ニワウメ、ノウゼンカズラ、ハイビャクシン、ハギ類、ハクロニシキ、ハマヒサカキ、バラ類、ヒュウガミズキ、ピラカンサ、フヨウ、プリペット、ブルーベリー、ボケ、ボックスウッド、マメツゲ、メギ、ユスラウメ、レンギョウ、ローズマリー

図 5-11　アカマツは代表的な陽樹（宮城県松島町）

5-1-2　草本について

　草本は大きく分けて、一年草と宿根草、球根草がある。一年草は発芽から開花、結実、枯れまでの周期が一〜二年となるもので、スミレ類やアサガオ等のように種によって増えるものである。宿根草は根がずっと残り、ギボウシのように冬期に地上部が枯れる夏緑性のものと、ヤブランのような一年中地上部が残る常緑性のものがある。球根草は、宿根草の一部で根、茎、葉の一部が養分を蓄え肥大化したものが球根となる。外国には、一年草でも一年中枯れないものもあるが、あくまで日本での成長を元に区分する。植栽計画では、頻繁に植え替え、種まきを行い、次の年になると飛んだ種が範囲を超えて生えてきてしまう一年草等は「季節の草」というような形で図面に書き込むことが多く、配置計画や樹種や形状等を詳細に書き込むものは、草本では、宿根草、球根草になる。

図5-12　一年草のパンジー

図5-13　球根草のチューリップ

図5-14　宿根草のギボウシ（夏緑性）　　図5-15　宿根草のアジュガ（常緑性）

表5-5　植栽計画でよく使われる草本類

一年草	球根草	宿根草（夏緑性）	宿根草（常緑性）
アサガオ、ジニア、セン パーベコニア、ネモフィ ラ、ニチニチソウ、パ ンジー、ビオラ、マリー ゴールド	カンナ、クロッカス、 ジャーマンアイリス、ダ リア、チューリップ、ヒ ガンバナ、ムスカリ、 ヤマユリ	アスチルベ、オミナエシ、 キキョウ、ギボウシ類、 シュウカイドウ、シュウ メイギク、シラン、ディ コンドラ、ドイツスズラ ン、ハナニラ、ヘメロカ リス、ミヤコワスレ、ノ シバ、コウライシバ	アガパンサス、アジュ ガ、オモト、キチジョ ウソウ、クリスマスロー ズ、シバザクラ、シャガ、 ジャノヒゲ、タマスダレ、 タマリュウ、トクサ、ノ シラン、ハラン、フイリ ヤブラン、マツバギク、 ヤブラン、リュウノヒゲ

5-1-3 地被

　樹木の高さについての項目で、高木、中木、低木というカテゴリーに分ける
としたが、低木の下のカテゴリーに地被がある。地被は地面を覆うように低く
広がるものを示し、グラウンドカバーとも呼ばれる。ポイントで使うものもある
が、多くは単一で面として利用されるため、水平方向へ伸びる性質のものが用
いられる。代表的な地被に使われる植物は、シバ類、ササ類、シダ類、コケ
類がある。

● シバ類

　和芝と西洋芝があり、和芝には、ノシバ、コウライシバがある。宿根草で夏
に緑になり冬は上部が枯れる。ノシバやコウライシバは通常約 30cm×40cm
にカットされたシート状で売られており、カーペットを張るように植栽する。地
下茎が横へ横へと広がり環境が合えば成長がよく、30cm四方の土がみえてい
ても一年でほぼ覆ってしまう。

　西洋芝は夏型芝と冬型芝があるが、一般に西洋芝というと冬型芝を指す。
ベントグラス類、ブルーグラス類がある。冬型芝は暑さと蒸れに弱いため、冷
涼な気候を好み関東より南では冬場に青々とした緑になる。多年草で種が増
えるがむらになりやすく、均一に仕上げるには毎年種を撒くようにする。

図 5-16　ヒメコウライシバ（百花百草）

図 5-17　地被にコグマザサを使った例（横須賀美術館）

● ササ類

　日本の野山で、自然の状態でシバ類が単一で覆われている景色をなかなか見ることができないが、ササ類では大きな範囲で地表を覆う様子を頻繁にみることができる。環境さえ合えば生育旺盛になり、ほかの高さの低い樹木や草本類を隠すほどになり、日本の代表的な地被類といえる。草丈が高く葉も大型なクマザサ、それよりも小型なものがオカメザサ、コグマザサで、非常によく利用される。これらのササ類は刈り込むと低く維持でき、芝生や築山のような風景を作ることができる。

● シダ類・コケ類

　日当たりの悪い、湿気の多いところでササ類は育つが、このような環境ではシバ類は良好に生育しない。日当たりが悪くなると出現するのがシダ類、コケ類で、なかには日当たりのよい場所を好むものもあるが、通常湿度の高いところでないと生育できない。

　植栽でコケ類を利用するのは湿度の高い日本独特の植栽工法といえる。コケはほとんど根をもたず、茎葉に水を蓄え、茎葉から直接水を吸収するため、湿度が高いところや朝露がでやすいところで育つ。ただし、水はけがよくないと枯れてしまうので、湿度は高いが水はけのよい環境を作ることができる場合に利用する。

　コケ類と同じようにシダ類を植栽に使うのも日本独特である。江戸時代は園芸品種が多数作られ、庶民の嗜好品になっていたほどシダ類は身近な植物である。シダ類は湿気は好むが、コケ類と同じく水が滞ることを嫌うため、水はけのよい環境を作る必要がある。コケ類は張るように植栽するが、シダ類はポット苗で植え込むように植栽する。コケ類もシダ類もシバ類やササ類に比べ成長は遅い。広い面積を覆うようにする場合は、最初からある程度覆うような形で植栽する必要がある。

表 5-6　植栽で使う代表的なシダ類、コケ類

シダ類	コケ類
イノモトソウ、イワヒバ、オオタニワタリ、クサソテツ、クジャクシダ、クラマゴケ、ジュウモンジシダ、タマシダ、トクサ、ハコネシダ、ベニシダ、ヤブソテツ、ヤマソテツ	ウマスギゴケ、オオスギゴケ、カサゴケ、スナゴケ、ハイゴケ、ヒノキゴケ

図 5-18　コケと石の構成が印象的な東福寺の重森美玲作の北庭

5-1-4　特殊樹

　植栽で利用する植物には、樹木や草本類のなかに分類できないものがある。ヤシ類、ソテツ、タケ類がこれにあたる。

● ヤシ類、ソテツ

　熱帯的な印象を作りたいときや、暖地、亜熱帯の地域の海岸に近いところで日当たりのよい場所はヤシ類が植栽できる。もともとは熱帯原産のものが多いため関東北部や、関東以北には植栽できない。表 5-7 のヤシ類は日当たりのよいところではどれも育つが、日当たりの悪いところでも植栽可能なのは、トウジュロ、シュロである。ソテツは九州南部に自生する植物で安土桃山時代から広く庭園で使われるようになったもので、比較的寒いところでも利用できるが、冬期はコモ巻をして越冬させる。その姿が季節の風物詩として話題にされることもある。

181

表 5-7　代表的なヤシ類

| 関東以南地区 | カナリーヤシ、ワシントンヤシモドキ、ワシントンヤシ、ヤタイヤシ |
| 沖縄県周辺の亜熱帯地区 | ヤエヤマヤシ、クロツグ、ビロウ |

図 5-19　カナリーヤシ

図 5-20　ワシントンヤシ

図 5-21　バショウ

図 5-22　ソテツ

その他、ヤシに似た感じのものではバショウがある。これはバナナの仲間で、樹木というよりは草のようなもので、三年程度で枯れてまた生えてくる。宮古島にある芭蕉布はこの葉の繊維を使ったものである。

● タケ類

タケ類は、もともと日本に自生していたヤダケやアズマザサがあるが、植栽でよく使われるモウソウチクやマダケは古い時代に中国から入ってきたもので、それが日本の景色のなかにすっかり定着している。モウソウチクやマダケは地下茎が横に伸びて広範囲に成長するため、横に伸びる範囲を限定させないと他の緑地の地区を脅かすことになる。実際、山では手入れのされていないそれらの竹林がどんどん広がり、自然林を脅かしているところも多い。沖縄地方に多く見られるバンブー類のリュウキュウチクはそれらと違い、地下茎で広がらず株自体が大きく成長して広がる。

タケ類の寿命は1本だけでみれば雨後のタケノコという言葉があるように、春に新芽がでて一日で1mくらいになり数日で5～6mぐらいに成長してしまう。七～八年で一生を終えて枯れてしまうが、竹林全体でみると枯れていないものが多いため何年も枯れないイメージがある。詳しいことはわかっていないが三十年くらいで竹林全体が枯れることもある。

図 5-23　モウソウチクの林

5-2 樹種の選定

植栽する空間により、どのような機能に重点をおくかが変わってくるが、樹種の選択のポイントは以下の 3 つの機能を考えることである。

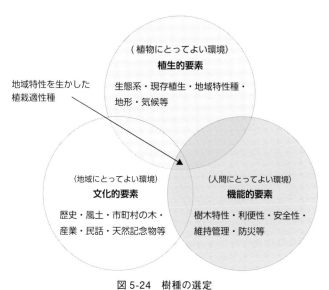

図 5-24　樹種の選定

周囲に影響を大きく与える空間であれば植生的要素を重点におき、住宅密集地であれば機能的要素を十分に検討する必要がある。個人的な空間であれば文化的要素に重点をおくようにする。

5-2-1 植生的要素

日本の植生については、2 章の基礎調査で述べたように、南北に長い日本は、水平分布によって植生が変わる。それに加え、標高差による垂直分布に応じた違いもある。大雑把にくくると、寒いところは落葉樹、暖かいところは

常緑樹である。自然にどのような樹木が生えているかを見極め、あるいは潜在自然植生を調査したうえで生態的に則した樹種を選択する。しかし、その敷地の地形等を考慮し、日照条件、湿度条件等の気候条件をこれに加味しなければランドスケープとして破綻してしまうため、土壌条件、気象条件も考慮する。

5-2-2　文化的要素

　地域にとって調和する植栽を植生的要素だけでくくるとその施設、その地域での特徴や個性をだしにくく、すべてが同じような植栽になってしまう。そこで、植生からはやや離れ、地域の特産品や天然記念物から樹種を選定したり、各都道府県で指定されている県の木、花、市の木や花から選定したり、利用者（施主）にまつわるものにしたりすると、より地域や利用者にとって身近に親しみのもてる緑地を作ることができる。

● 自治体で選定している植物

　都道府県や市町村、区等では県の木、県の花、県の鳥等を決めているところが多くある。決めるには市民の意見を募ることが多くあるため、どちらかといえば人気投票的になり、その地域独自のものというより、名前をよく知っている、親しみがあるようなものが指定されている場合が多い。主なところでは、サクラは大阪市、徳島市、弘前市他、ツツジは北九州市、和歌山市、鯖江市他、マツは沼津市、浜松市、福井市他、アジサイは長崎市、成田市、東京都港区他となっている。人気投票的なものではなく、地域に根付いたものとして指定されているものは、千葉県八千代市は有名なバラを栽培・販売しているバラ園があるためバラ、兵庫県淡路市は栽培数が多いカーネーションというように、植物に関係する産業がある地域はそれを市の花としている。栃木県はトチノキが県木で県名からの由来となる。

185

図 5-25　千葉県八千代市の京成バラ園

● 天然記念物や歴史にまつわる植物

　岩手県盛岡市のシダレカツラ、福島県三春町のシダレザクラ、千葉市のオオガハス等、植物が天然記念物になっている場所は多数ある。そもそもの発生が、自然植生のものや、突然変異のもの、偉人が植えたと伝えられるものなど、古くからその地にあるもので、地域の顔ともいえる。貴重なものである場合は使えないが、シダレザクラのように通常流通しているようなものであれば利用できる。

図 5-26　福島県三春町の桜

● 利用者（施主）にまつわるもの

　日本には、家紋といってその家代々に伝わる文様がある。家紋には植物の文様が多く使われているため、それをモチーフにすることもできる。有名なのが徳川家の葵の御紋である。三つ葉葵といわれ、葵はウマノスズクサ科のフタ

バアオイを図案化されたものといわれている。

表 5-8　家紋にみられる植物

家紋名	モチーフになる植物
三つ葉葵	フタバアオイ
下り藤、上り藤	フジ
梅の花、丸に梅鉢	ウメ
五三桐、五七桐	キリ

図 5-27　下り藤の家紋

「杉」「松」「桜」「楠」「桂」「榎」「梅」「菊」等、人の氏名には植物が使われていることも多いため、シンボル等のモチーフに使える。また、江戸時代より盛んに栽培されているツツジ類やツバキ類、ウメ類、サクラ類の園芸種は作成者が自由な発想で名前をつけているため氏名や家業にまつわるもの等に結びつけられるものが見つかりやすい。

表 5-9　園芸種の名前一覧

	植物名
ツツジ類	キリシマツツジ、クルメツツジ、ヒラドツツジ、サツキツツジ、リュウキュウツツジ、アザレア
サクラ類	イチヨウ、カンザン、ショウゲツ、ソメイヨシノ、ベニシダレ、アマノガワ、ケイオウザクラ、オカメ、マメザクラ、ジュウガツザクラ、フユザクラ、スルガダイニオイ、ギョイコウ、エドザクラ、ヨウキヒ
ウメ類	オウバイ、トウジ、カスガノ、シロナンバ、ハナカミ、エンシュウシダレ, ダイリ、ダイリンリョクガク、ツキカゲ、ベニヅル、サバシコウ、オオサカズキ、トウバイ、ゴセチノマイ、カゴシマベニ、タニノユキ、ムサシノ、コウナンムショ、イチノタニ
ツバキ類	ガッコウ、アケボノ、セッチュウカ、シロジュラク、ホウライ、コチョウワビスケ、タロウカジャ、シラギク、オトメ、ハツアラシ、アカスミクラ、アカコシミノ、ヒシカライト、ムルイシボリ、アカシガタ

図 5-28　サクラの楊貴妃

図 5-29　ツバキの太郎冠者

5-2-3　機能的要素

　樹木を植栽するための流通、価格等の要素や、防災、防火、防犯等、樹木を導入することによって発生する要素が機能的要素である。

● 流通・価格

　植物には栽培ものと、山採りといわれる山に生えているものを採ってくるものがある。栽培されているものは多数あるため入手しやすく、そのため安価なものになる。一方、山採りは数が少なく搬出が容易ではないため価格が高くなる傾向にある。栽培ものでも、遠隔地から購入すると運賃がかかるため価格が上がることになる。利用地の近くに多く栽培されているもの、あるいは近郊の山に自生されているものを利用することが機能的にはよいだろう。常緑広葉樹のシラカシは関東で多数栽培されていることと、山にも多くあることから、関東で利用する場合は経済的であるといえる。

表 5-10　多く栽培されている代表的な樹種

	常緑樹	落葉樹
高木	クロマツ、アラカシ、　ウバメガシ、クスノキ、シラカシ	イロハモミジ、クヌギ、ケヤキ、コナラ、コブシ、ソメイヨシノ、ハナミズキ (白)、ヒトツバタゴ、ヒメシャラ、ヤマボウシ
中木	サザンカ、セイヨウベニカナメモチ、ヤブツバキ	ハナカイドウ、ハナズオウ、マンサク、ムクゲ、ライラック、ロウバイ
低木	アベリア、オオムラサキツツジ、キリシマツツジ、クルメツツジ、サツキツツジ	アジサイ、ガクアジサイ、ドウダンツツジ、ヤマブキ、レンギョウ

● 遮蔽効果

　樹木は植栽する間隔を密にすると壁のような状態になり、周辺からの様々な侵入を遮蔽することができるため、防煙、防火、防音、防災、防災の機能をもたせることができる。遮蔽効果をもたせるには、葉が密について一年中緑を落とさない常緑樹であればこの機能性が高い。寒冷地は常緑広葉樹が利用できないため常緑針葉樹を利用する。

表 5-11　火に強い代表的な樹木

高木	イヌマキ、サワラ、カイヅカイブキ、ヒノキ、アラカシ、ウバメガシ、シラカシ、スダジイ、タブノキ、マテバシイ、ヤマモモ
中木	イヌマキ、カイヅカイブキ、ニオイヒバ、アラカシ、イヌツゲ、キンモクセイ、サカキ、サザンカ、サンゴジュ、マサキ、ヒイラギモクセイ、ヤブツバキ
低木	イヌツゲ、シャリンバイ、センリョウ、チャ、トベラ、ネズミモチ、ハマヒサカキ、ヒラドツツジ

　特に葉や枝にトゲ等があるものは、触りたくないという気持ちを誘発し、実際触ると痛いことから防犯効果が高い。

表 5-12　トゲのある代表的な樹木

常緑樹	落葉樹
カラタチ、ヒイラギ、ヒイラギモクセイ	ウコギ、サンショウ、ノイバラ、ハマナス

　住宅地でブロック塀や、コンクリート塀等の工作物が立ち並ぶ景観に対して緑で壁状を作ると環境にも見た目にも良好な空間となる。

　緑の壁の作り方として、高さ 1.5 〜 2.5 m くらいの壁を作るには、通常常緑樹を 1 m に対して 3 本くらいのピッチで植栽する。樹木の根元付近は枝が透かしぎみになるため、それを防ぐには高さ 0.3 m 程度の常緑樹の低木を密に並べればよい。人の侵入を防ぐ防犯に関しては高さ 2.0 m 以上の壁にするほうがよい。

　隣家からでた火事や、建物の倒壊に対しブロックできる高さは、住宅であれば 4 〜 8 m の壁があるとよいが、樹木のピッチは高いもので 1 〜 2 m となるため、やはり根元部分の緑が抜けるようになってしまう。そのため、高さ 0.5 m くらいの常緑の低木や高さ 2 m くらいの常緑の中木を組み合わせるようにする。

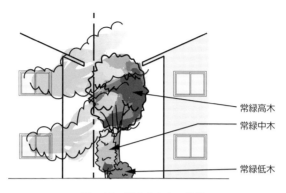

図 5-30　防火のための植栽

● 資材

　歴史的にみて、日本では建築物や工作物には植物が使われてきた。今でも建築資材としてはスギ、ヒノキ、マツが構造材として利用され、サクラやケヤキは化粧材、仕上げ材に使われている。タケ類はカゴ、ホウキ等の道具、炭にはコナラ、ウバメガシが使われている。

　植栽したものをそのまま植物の成長を楽しむ場合以外にも、伐採して加工し別の形で利用することもできる。

表 5-13　材として利用できる主な樹木

用途名	樹木名
建築資材	ヒノキ、スギ、イヌマキ、ダイオウショウ、カラマツ、サワラ、モッコク、トチノキ、ユーカリノキ
道具	アカマツ、ウラジロモミ、クロマツ、ソヨゴ、モチノキ、カナメモチ、モッコク、シラカバ、エゴノキ、クロモジ、マユミ
炭	ウバメガシ、クヌギ、クリ、カラマツ、スギ

● 食糧

　クリやカキ、ブドウ等、果実を食用できるものも多くある。江戸時代には飢饉に備え食糧として利用できるよう積極的に庭木に果樹等の樹木を植えるよう指導した藩があった。立派な果樹を採取するには手入れが必要だが、通常の庭木や街路樹の管理でも果実が採れるものもある。

表 5-14　手入れが簡単な果樹

常緑樹	キンカン、ナツミカン、ビワ、フェイジョア、ヤマモモ、ユズ
落葉樹	イチジク、ウメ、カキノキ、カリン、キウイ、ナシ、ブドウ類、ヒメリンゴ、ブルーベリー、ボケ、マルメロ、モモ、ユスラウメ

● 安全・健康

　植物によっては食べると具合が悪くなる、あるいは死に至るような人体に有毒であるもの、スギのように花粉症の発症の原因になるものがある。都市部でも有毒植物は比較的使われおり、たとえば、大気汚染や乾燥に強いため高速道路の植栽帯に使われるキョウチクトウも有毒植物の代表種である。逆に、森を歩いて森林のエキスを浴びる森林浴もある。森林浴のエキスであるフィトンチッドとは、本来は樹木が自らを守るために出した殺菌力のある揮発性物質で、人に癒しと安らぎを与える効果があるといわれている。フィトンチッドが多く出されるものはヒノキやスギ等の針葉樹で、森林浴を楽しむには針葉樹の森を歩くようにするとよい。

　このような植物の特性を把握して利用することが必要で、有毒植物は導入しないか、導入する場合は子供等が手を触れないような部分に用いる等の配慮が必要である。

表 5-15　主な有毒植物

木本	アセビ、ドクウツギ (種子)、シキミ (葉・実)、キダチチョウセンアサガオ、ヒョウタンボク、キョウチクトウ (全)、ヤマウルシ
草本	アゼムシロ、ケキツネノボタン、スイセン、ハシリドコロ、トリカブト、ヤマゴボウ (根)、ウマノアシガタ、タガラシ、ツリフネソウ、ホウチャクソウ、マムシグサ、ヒガンバナ (鱗茎)、ヒヨドリジョウゴ

(　) 内は特に毒のある部分

5-3 植栽のポイント

　樹種を選択したあとは、それらをどれくらいの密度で、どれくらいの大きさで、どのような位置に植えたらバランスがよいかを検討する。また、施工する場合のことも考慮する必要がある。

5-3-1 植栽密度

　植栽する植物の植える密度（ピッチ）は植物が成長することと、管理の頻度を考えて決定する。最初から緑ですっかり覆われた緑地空間を作りたいときは、植栽工事の際に枝が触れる程度まで近づけて植えるようにする。樹木の形状は月刊誌の『建設物価』や積算資料の記載、あるいは自治体が決めている形状があるためそれらを参考に植栽密度を決定する。

● 低木・地被

　低木や地被は1㎡当たり○○株いれるというような形になる。たとえば建設物価に書かれているサツキツツジは高さが 0.3 mのものと、0.4 mのものがあり、0.3 mのものを利用した場合は、葉張りが 0.4m となるため、枝が触れ合うには、1㎡当たり 5 〜 9 株植える必要がある。なんとなく覆われているようにしたい程度であれば 4 株以下でよい。地被で使われるコグマザサは建設物価では 3 芽立ちでコンテナ径が 10.5cm のため最初から緑でしっかりと覆うようにするには1㎡当たり 50 株以上植栽し、成長を待って数年してから覆われるようにしたい場合は1㎡当たり 25 株程度でよい。

図 5-31　地被として使われているコグマザサ

植栽パターンⅠ
植栽間隔　10cm
植栽本数　10,000Pot/100㎡
　　　　　（100/1 ㎡　）

植栽パターンⅡ
植栽間隔　12.5cm
植栽本数　6,400Pot/100㎡
　　　　　（64/1 ㎡）

植栽パターンⅢ
植栽間隔　15cm
植栽本数　4,444Pot/100㎡
　　　　　（44/1 ㎡）

植栽パターンⅣ
植栽間隔　20cm
植栽本数　2,500Pot/100㎡
　　　　　（25/1 ㎡）

植栽パターンⅤ
植栽間隔　25cm
植栽本数　1,600Pot/100㎡
　　　　　（16/1 ㎡）

植栽パターンⅥ
植栽間隔　30cm
植栽本数　1,111Pot/100㎡
　　　　　（11/1 ㎡）

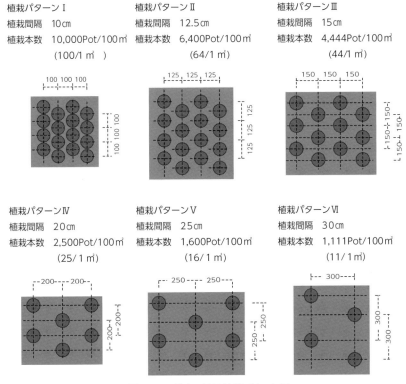

図 5-32　低木・地被植栽パターン図

193

表 5-16　主な低木・地被の密度表

高さ	形態	樹種名	形状寸法			平均密度〔株/㎡〕	高密度〔株/㎡〕	平均密度〔株/㎡〕
			高さ	葉張リ	コンテナ径			
低木類	常緑広葉樹	アベリア	0.6	0.4	−	4	6	3
		カンツバキ	0.4	0.5	−	4	5	3
		サツキツツジ	0.4	0.5	−	5	6	4
		トベラ	0.6	0.5	−	4	5	3
		ヒラドツツジ	0.5	0.5	−	4	5	3
		ハマヒサカキ	0.5	0.4	−	6	9	4
		ヒイラギナンテン	0.6	3本立	−	4	6	3
	落葉広葉樹	アジサイ	0.5	3本立	−	3	5	2
		シモツケ	0.5	3本立	−	6	9	4
		ヒュウガミズキ	0.8	0.4	−	4	6	3
		ユキヤナギ	0.5	3本立	−	4	6	3
		レンギョウ	0.5	3本立	−	4	6	3
地被類	常緑	コグマザサ	−	3芽立	10.5cm	44	70	25
		シャガ	−	3芽立	10.5cm	36	64	25
		タマリュウ	−	5芽立	7.5cm	44	70	25
		フッキソウ	−	3芽立	9.0cm	36	64	25
		ヤブラン	−	3芽立	10.5cm	36	64	25
	ツル物(地被として使えるもの)	ヘデラヘリックス	L=0.3	3本立	9.0cm	25	49	16
		ヘデラカナリエンシス	L=0.3	3本立	9.0cm	16	36	9

● 高木・中木

　高木を植える場合は、どれくらいの大きさに維持するかが重要になる。広葉樹の多くは横に広がる樹形になり、高さとほぼ同じくらいの葉張りになるため、建物や工作物、他の高木のとの間隔は将来成長すると思われる樹高の1/2ぐらい離した位置に配置する。スギ等（マツは除く）の針葉樹は葉張りが非常に狭いため、高さの1/4〜1/3程度離せばよい。樹林のような形態を作る場合は、自然の森にある高木の間隔をみるとおよそ3mピッチとなっているため、それに倣い、高木の間に中木、低木、地被を植え込むようにする。

　なお、街路樹のピッチについては4章4-2節「街路計画」を参照すること。

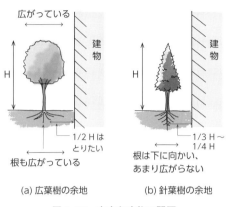

(a) 広葉樹の余地　　　　(b) 針葉樹の余地

図 5-33　高木と建物の間隔

　植栽後一年程度でも環境がよければ樹木が成長するのですぐに剪定管理が必要になる。樹木は大雑把にいえば落葉樹は成長が早く、常緑樹は成長がやや遅いため、常緑樹をやや密に植栽した場合のほうが管理を少なくおさえられる。

　樹木を植えるには、地中の範囲も確保する必要がある。成長すれば植物は根をどんどん伸ばしていくが、植栽する場合は根をまとめてくくって運ばれてくるため、その根の大きさ（根鉢）を確保し、その周囲に 10 ～ 30cm の空間（植穴）と深さ（植穴深さ）を確保しておく必要がある。表 5-17 は寸法の目安であり、樹種によって違いがあるため注意が必要となる。

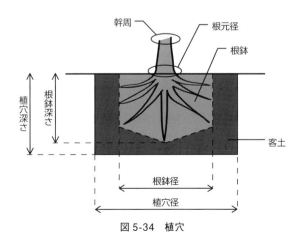

図 5-34　植穴

195

表 5-17　根鉢・植穴表

幹周 [cm]	基本仕様									根付け仕様			
	根元径 [cm]	根鉢径 [cm]	根鉢高 [cm]	樹高 [m]	根鉢容積 [㎥]	根鉢重量 [t]	根枝重量 [t]	樹木重量 [t]	植穴径 [cm]	植穴深さ [cm]	植穴床堀り土量 [㎥]	埋戻し土量 [㎥]	残土量 [㎥]
25 以上	9.5	51	38	4.0	0.078	0.101	0.012	0.113	93	47	0.318	0.240	0.078
30 以上	11.4	58	42	4.3	0.111	0.144	0.018	0.162	102	52	0.424	0.313	0.111
40 以上	15.2	72	47	4.9	0.191	0.248	0.037	0.285	118	57	0.622	0.431	0.191
50 以上	19.1	86	53	5.5	0.308	0.400	0.066	0.466	135	64	0.913	0.605	0.308
60 以上	22.9	100	59	6.0	0.463	0.601	0.103	0.704	152	70	1.267	0.804	0.463

（公共住宅屋外整備工事積算基準平成 9 年度版より抜粋）

5-3-2　樹木の形状

　植栽工事で扱う樹木は、高木の場合でいえば、自然にあるような 10 mを超える樹木を使うのはまれで、運搬や工事の手間を経済的に考えて 4 m前後のものを扱う。前述の『建設物価』でも樹高の高いものはケヤキの 7.0 m、クスの 7.0 m程度である。大きなシンボルツリーとして利用されることの多いケヤキは樹高が高くなりがちで、横に広がる範囲も大きく、葉の広がりの空間を確保することが必要である。植栽する場所、建物の高さ、管理のできる範囲を考えて高さを決める。

● 高さ

　植物図鑑には高木の場合、たとえばケヤキなど、樹木の高さ 15 〜 20 mと書かれていることが多い。これは自然のまま時間をかけて育った場合のもので、植栽に使う場合は自然の森を復元する以外は、建物、空間、街のスケールに合わせ管理できる範囲、運べる範囲で高さをおさえるようにしている。

　住宅であれば平屋では 4 m以下、2 階建では 8m 以下の範囲で収まるようなものを利用する。管理する場合、梯子でも届く高さ、建物からアプローチで

きる高さでおさえることが重要になる。

　集合住宅や学校等の中層程度の建築物は高さ 10 m 以下に収まるようにする。

　高層や超高層建築物、大きな公園の広場は管理をするための重機等がアプローチしやすい場所であれば 10m を超えるものが導入可能で空間の収まりもよい。ただし、10m を超す樹木はそれを横倒しにして車で運搬するため、大型車両が通行できる道路に接道していなければならない。また、10 mを超える樹木を設置する場合、それを持ち上げる重機も大きくなるため、それらが設置できる空間も必要である。

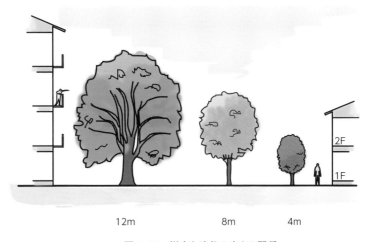

図 5-35　樹木と建物の高さの関係

図 5-36　樹高5mのケヤキを植栽した状態 (共愛学園)

197

図 5-37　クレーンを利用した植栽工事

● 葉張り

　葉の広がる範囲（葉張り）も植栽される場所に大きく影響してくる。広葉樹の葉張りはその多くが高さと同じ程度に広がるため、広葉樹を大きく育てるには横に広がる範囲を考えて植栽する必要がある。同時に葉が広がる範囲に根も広がるため、上部だけではなく、土の中までの広さを考慮する必要がある。戸建住宅の場合、高木を 1 本程度植栽する場合は、植える空間が最低 2 m、中木程度であれば 1 m は必要である。

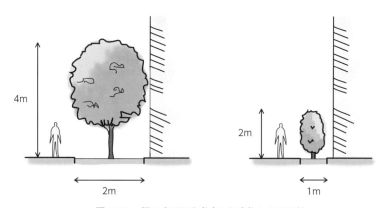

図 5-38　根の広がりを考慮した建物からの距離

　土地の値段が高い都心部では、狭い空間に緑化することが多くあることから、横に広がらない樹形になるもの（ファスティギャータ種）を生産者は栽培していることもある。典型的なものがケヤキのムサシノというタイプで、ケヤキは扇型に大きく枝が広がるのが特徴だが、ムサシノケヤキは葉の広がりが1/4程度で狭い歩道空間の街路樹や狭い植栽帯に使われることが多くなっている。

　中木のほとんどが葉の広がりが高木に比べ大きくないため、高さの1/4くらいに収まりやすい。低木はそのほとんどが高さと葉張りが同一かあるいは、それ以上になるため、高さと同じ空間を確保しておく必要がある。特殊樹のヤシ類は、葉の部分が高さにならずに、幹の部分が高さになり、形状を指定するときに幹尺ということを明記する。

図5-39　ムサシノケヤキの街路樹

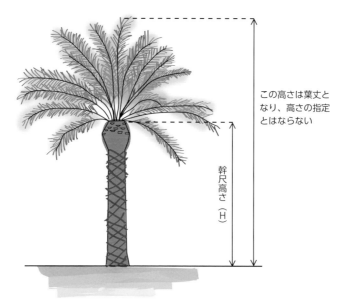

この高さは葉丈となり、高さの指定とはならない

幹尺高さ（H）

図 5-40　ヤシ類の形状

● 幹周

　低木や中木については指定しないが、高木を植栽する場合は幹周の寸法を指定する。高さや葉張りは剪定してしまうとすぐに寸法が変化するため施工後も修正できるが、幹周は修正できない。そのため、幹周は形状の重要な要素となる。太いものは重くなるため、運搬に関して手間、機器が必要となるため施工時間、施工価格に大きく影響する。

　幹周をはかる位置は根元から 1.2m のところになるが、その位置に枝や枝分かれがある場合は、その下や上で計測し、その旨を明記する。

　株立ちの場合は、すべての幹周の寸法を測りそれを合計したものに 0.7 を掛けた数値とし、3 〜 5 本立ちというように何本立ちかを明記する。

図 5-41　シラカシの株立ち

5-3-3 樹木の重さ

　屋上緑化や人工地盤での緑化、壁面緑化をする場合に問題になるのが樹木の重さである。屋上緑化のところで触れたように、建築物や工作物は法律で積載荷重が決められているが、それは緑化することを想定したものではない。通常利用の場合であるから、緑化を行う場合は植物と土と基盤材の重量を計算したうえで積載荷重を決定する必要がある。既存建物の場合はほとんどが緑化できる積載荷重となっていないので注意する。樹木の重量は樹種と高さが同じでも、枝の出方、葉のつき方等、ひとつとして同じものはない。そのため、表 5-18 に示したものは参考程度として考える必要がある。また、年々成長していくものであるから、大きさの限度を設定しておく必要がある。樹木は降雨のあったときは水を多く含むため重くなり、乾燥期が続くとやや軽くなる傾向がある。

　樹木を建築物や工作物に設置する前の段階である樹木の運搬に関しても重量はポイントとなる。重い樹木を立ち上げるには、大型クレーンを設置しなければならず、大型クレーンが通行できる空間になっていなければならない。ブー

201

ム（支え土台）を広げる空間が必要なことと、クレーンのアームが電線等にひっかからないような空中部分での空間も広く確保できているかが問題になる。

表 5-18　主な樹木の重量

樹種		樹種名	規格			平均重量〔kg〕
			樹高〔m〕	幹周〔m〕	葉張リ〔m〕	
高木	常緑広葉	アラカシ（株立）	3.0	0.20	-	125.0
		クスノキ	5.0	0.60	2.00	850.0
		シラカシ	4.0	0.25	1.20	200.0
		ヤマモモ	3.5	0.25	-	150.0
	落葉広葉	エゴノキ（株立）	3.5	-	-	75.0
		ケヤキ	5.0	0.30	2.50	217.5
		ケヤキ（株立）	6.0	-	-	500.0
		コブシ	3.5	0.15	1.20	100.0
		ソメイヨシノ		0.12	1.00	39.0
		ハナミズキ	3.5	0.20	-	100.0
		ヤマザクラ	4.0	0.18	1.80	75.0
		ヤマボウシ	3.5	0.20	-	100.0
中木	針葉	カイヅカイブキ	1.8	-	-	14.6
		ゴールドクレスト	1.5	-	0.40	11.5
	常緑	キンモクセイ	2.0	-	0.70	41.0
		サザンカ	2.0	-	0.60	29.0
	落葉	シモクレン	2.0	-	-	17.5
		ムクゲ	1.8	-	0.50	10.0
低木	針葉	コノテガシワ	0.6	-	-	9.0
	常緑	アオキ	1.0	-	0.70	12.0
		アベリア	0.5	-	0.30	1.7
		カンツバキ	0.3	-	0.30	1.8
		クチナシ	0.5	-	0.30	1.3
		コクチナシ	0.2	-	0.30	0.6
		サツキツツキ	0.3	-	0.40	2.9
		ジンチョウゲ	0.5	-	0.40	3.3
		ドウダンツツジ	0.6	-	0.30	4.7
		ヒイラドツツジ	0.5	-	0.50	3.6
	落葉	アジサイ	0.5	-	-	2.6
		ヤマブキ	0.5	-	0.30	1.4
		ユキヤナギ	0.5	-	0.30	1.3

※「新・緑空間デザイン技術マニュアル」（財団法人都市緑化技術開発機構編／発行 誠文堂新光社（1996 年）） 78 頁
　表の情報を元に著者が再構成したものです。

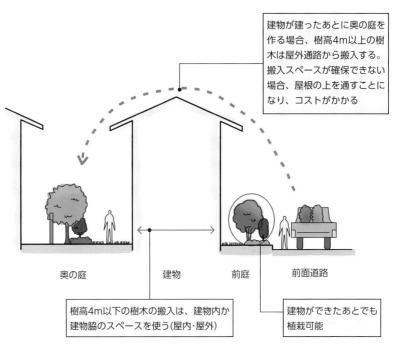

建物が建ったあとに奥の庭を作る場合、樹高4m以上の樹木は屋外通路から搬入する。搬入スペースが確保できない場合、屋根の上を通すことになり、コストがかかる

奥の庭　　　建物　　　前庭　　　前面道路

樹高4m以下の樹木の搬入は、建物内か建物脇のスペースを使う(屋内・屋外)

建物ができたあとでも植栽可能

図 5-42　搬入で注意すること

5-3-4 常緑樹と落葉樹のバランス

　春の芽ぶき、夏の緑、秋の紅葉と四季の変化を楽しめるのが落葉樹であるが、秋の落ち葉の始末、冬の葉がなくなってしまったとき景観の寂しさがあり、どの程度緑を残すか、落葉樹と常緑樹の構成が重要になってくる。5-2-3 項で述べた防音、防火、防風の機能を充実させるにはしっかりとした壁状の緑を作る必要があるため、すべて常緑樹で構成し落葉樹は混ぜないほうがよい。建物や工作物の色、背景になるフェンスや壁等の色にもよるが、落葉樹だけで構成するとまだ緑が少ない時期の春に咲く花や、紅葉の微妙な色もぼけてしまうため常緑樹があったほうがよい。しかし、東北等のやや寒い地区では、使える常緑樹が少なく、使えたとしても針葉樹に限られるため印象が違ったものになる。沖縄のような暑い地区では逆に使える落葉樹があまりなく常緑樹主

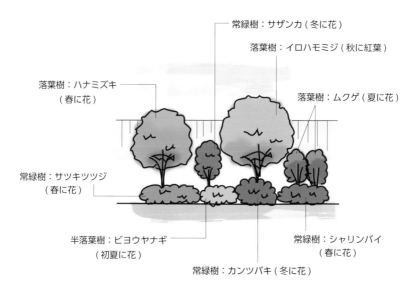

常緑樹：サザンカ (冬に花)

落葉樹：イロハモミジ (秋に紅葉)

落葉樹：ハナミズキ
(春に花)

落葉樹：ムクゲ (夏に花)

常緑樹：サツキツツジ
(春に花)

半落葉樹：ビヨウヤナギ
(初夏に花)

常緑樹：カンツバキ (冬に花)

常緑樹：シャリンバイ
(春に花)

(a) 落葉高木＋常緑低木

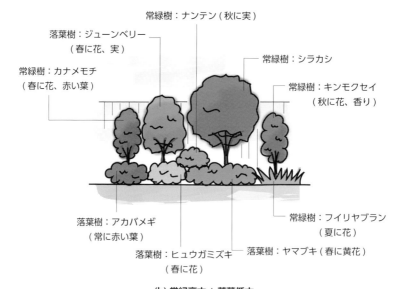

常緑樹：ナンテン (秋に実)

落葉樹：ジューンベリー
(春に花、実)

常緑樹：シラカシ

常緑樹：カナメモチ
(春に花、赤い葉)

常緑樹：キンモクセイ
(秋に花、香り)

落葉樹：アカバメギ
(常に赤い葉)

常緑樹：フイリヤブラン
(夏に花)

落葉樹：ヒュウガミズキ
(春に花)

落葉樹：ヤマブキ (春に黄花)

(b) 常緑高木＋落葉低木

図 5-43 高木と低木の組合せ例

体になる。このように地域によって暑さ、寒さの違いにより常緑樹と落葉樹の
バランスが違ってくる。暖かい関東から南にかけての地区は常緑樹と落葉樹
のバランスを自由にできるため、作りたい景色や管理の手間を考慮して決める。
基本のバランスは常緑樹と落葉樹を半々とし、常緑樹を多く使うと暖かく、ボ
リュームのある印象、落葉樹を多く使うと涼しげで軽い印象になる。落葉樹の
変化を楽しむために落葉樹は見える場所、背景に常緑樹を配置するのがよい。

　高木、中木、低木の合わせ方で、高木を常緑樹にしたらその下に植栽する
低木は落葉樹、高木を落葉樹にしたらその下に植栽する低木は常緑樹という
構成にすれば、一年を通して変化と緑の印象を欠かすことなく見せることがで
きる。

5-3-5 樹木の並べ方

　樹木をそろえて植栽するとその空間が実際より狭く感じられる。また、同じ
大きさのものを等間隔で植栽すると空間がきっちりと区切られ、その空間の広
さ、規模を特定してしまうことで狭い印象を与えてしまう。敷地が広大である
場合はこのような植栽方法は有効であるが、狭い空間を広く見せようとする場
合は、等間隔や同じような空間の繰り返しを避け、不規則な空間を作るよう
に配置するとよい。

・広く感じる平面パターン

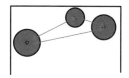

不等辺三角形を作る

・狭く感じる平面パターン

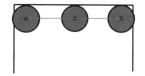

3本以上直線で並べる

・広く感じる立面パターン

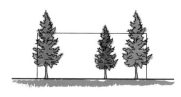

樹木の形状を変え、間隔を違えて配置。
空間が広がるようなデザインを作る

・狭く感じる立面パターン

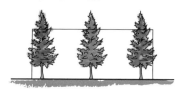

同じ形、寸法のものを等間隔で並べる

(a)木の配置(植え方と奥行感の関係)

・規則的なパターン

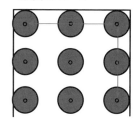

3本以上等間隔に直線で並べる

・ランダムなパターン

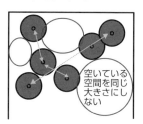

3本以上直線で並べない

(b)3本以上の木の配置(規則的とランダム配置)

図 5-44　樹木の並べ方

5-3-6 デザインスタイル

選定する樹種、配置を変化させただけで、和風、洋風、人工的、自然的

な雰囲気が作ることができる。建物や部屋の用途、周辺景観に合わせ、スタイルを決定する。

● 和風

　和風の庭のデザインには真行草というようなデザインの形式や、水施設（滝、流れ、池、蹲、手水鉢）との調和、景石とのバランス、通路のしつらえかた、灯篭等の施設との関係でボリューム、配置をデザインするが、風土や歴史、気候の違いもあることから地方によってデザイン上違いがある。ここでは、簡単な操作で和風に見える手法を説明する。

・常緑樹の刈込の庭

　和風の庭といえばこの型式が思い出される型である。常緑樹をベースにカエデ類で季節感をだした庭である。高木は高さをそろえないように緑濃い背景を作る常緑広葉樹のモッコク、モチノキ、シラカシ、アラカシ、タブノキを配置し、手前にイロハモミジを添える。樹木の並び方は3本以上が同じ線上にそろわないように植え、植える間隔も同じような空間を作らないようにする。曲線を描くように刈込みを行い、高木、中木は左右対称にならないように配置する。中木も常緑広葉樹のヤブツバキ、サザンカ、キンモクセイを使い、低木は刈込みで形を整えた常緑広葉樹のツツジ類、ヒサカキ、イヌツゲ、地被としてはヤブラン、リュウノヒゲ、タマリュウを使う。日当たりのよい庭というよりは、しっとりとしたやや影のある庭となる。景石や灯篭をあしらうとより和風の雰囲気になる。

図 5-45　灯篭と景石

207

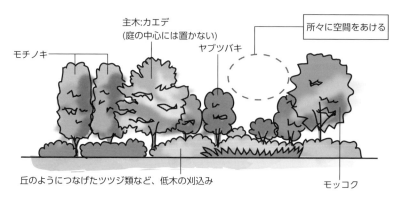

丘のようにつなげたツツジ類など、低木の刈込み

常緑樹主体で不均一に配置する

(a)庭木の配置

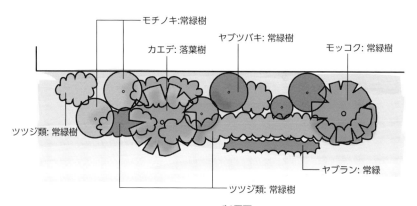

(b)平面

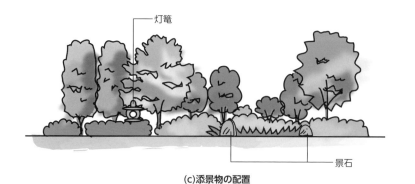

(c)添景物の配置

図 5-46　和風の庭の配置例

　日当たりのよい庭はマツ類や芝が利用できるため、明るい印象の庭を作ることができる。マツ類は仕立て物という、樹形を剪定により整えたものを利用する。地面は少し盛り上げるように造成し起伏のあるようにすると空間を広く感じる。仕立てには図 5-47 のようなパターンがあり、手入れをしながら整える。

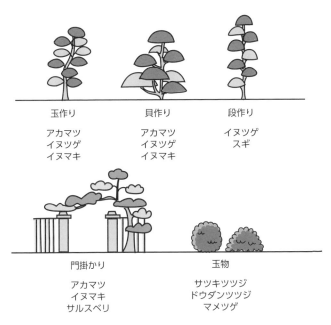

玉作り	貝作り	段作り
アカマツ	アカマツ	イヌツゲ
イヌツゲ	イヌツゲ	スギ
イヌマキ	イヌマキ	

門掛かり

アカマツ
イヌマキ
サルスベリ

玉物

サツキツツジ
ドウダンツツジ
マメツゲ

図 5-47　仕立て例と主な樹種

図 5-48　仕立てたマツ

209

　タケ類を使った庭も和風になる。背丈の高い竹林をイメージする場合は、モウソウチク、マダケで作る。高さ3m程度でおさえたい場合は、クロチク、シホウチク等を植栽する。大型のタケは1㎡当たり1株を植栽する密度。小型で2株程度。1株当たり1〜2本の幹（桿：かん）がでているが、数年もすると別の部分から筍がでて違う様子になる。そのため、最初から1列に並べるようなきちっとした植栽をすると維持できないので、1m以上の幅をもった、幹が重なるような植栽をする。タケ類は横へ地下茎を伸ばすため、伸ばしたくない方向には遮断する資材を埋め込むようにする。

図5-49　竹林の庭

● 洋風

　洋風の庭といってもその地域はとても広く、国や気候条件によってその趣が違う。イタリアやスペインのような地中海沿岸の南のほうでは、オレンジ等の柑橘類の常緑樹とオリーブのイメージ、フランス、イギリス等それより北の地方では、ブナやシラカバ等の落葉広葉樹、ドイツやスウェーデンではドイツトウヒやモミ等の常緑針葉樹が主体となる。

　一般的に洋風のデザインは、整形式庭園といって直線を活かし、左右対称がモチーフとなる人工的なデザインを用いるのが普通である。たとえば、フランスの城の周りにあるような空間で、彫刻や噴水等の施設も規則的に配置される。植栽部分はしっかりと刈り込まれたツゲ類できっちりと形作られる。庭

と庭を結ぶ通路の両脇には等間隔で植栽された高木が並びしっかりとした線を作る。

図 5-50　整形式庭園の代名詞ベルサイユ宮殿の庭

　一方、自然風の庭園形式もある。イギリスで生まれた風景式庭園である。日本の庭園に通じるものであり、直線を嫌い、左右対称にデザインされない。落葉広葉樹をポイントにおおらかな空間を作る。

図 5-51　風景式庭園 (プティトリアノン)

　ガーデニングのブームの元になったイングリッシュガーデンは、花の咲くものを春から秋まで次々に咲かせるような花が主役の庭で、花がない瞬間も葉の形や色を楽しめるように植栽したものである。風景式庭園のように曲線を活かし、ランダムな空間を作る。

図 5-52　日本のイングリッシュガーデンの草分けバラクラ
イングリッシュガーデンの庭（国際バラとガーデンショーより）

　バラの庭は西洋的な印象を作る。バラは日本で扱う場合は施肥や防虫等の
手間がかかるため、他の植物を混植することは避けたほうがよい。

図 5-53　バラの庭園

　洋風の庭にするコツは、マツやサクラというような日本的な樹木を避けるこ
とと、常緑樹のツツジ類を避けることが重要である。常緑樹のツツジ類は涼
しいヨーロッパでは耐寒性と湿度の問題でほとんど植栽されていない。落葉
樹の低木がほとんどである。常緑樹の広葉樹をあまり利用しない形がよい。

● 自然風

　自然がなくなってきた都市部では、自然の野山のような緑地を作り、緑に触れる機会を増やすようにしている。自然風の庭は、和洋を問わずどのような建物、工作物にも調和するため取り入れやすいタイプである。

　基本は、落葉樹を主体に、ボリュームも樹種もそろわないようにランダムに配置し、構成する。低木をしっかり土が隠れるように埋めつぶすようにはせずに、ところどころに点在させ、ササ等の地被類を合間に配置する。落葉樹の間に不規則に落葉樹をいれておく。配置も重要だが、樹種の選定も重要で、コナラやクヌギ等のように野山にあるようなもので構成し、バラやキンモクセイのような園芸種や外来種は避ける。

表 5-19　自然風な雰囲気を作ることができる樹種

	常緑樹	落葉樹
高木	アラカシ、シラカシ	アカシデ、イヌシデ、カツラ、クヌギ、クリ、ケヤキ、コナラ、コブシ、ナナカマド、リョウブ、ヤマザクラ
中木	シロダモ、ハイノキ	オトコヨウゾメ、ガマズミ、ネジキ、ムラサキシキブ
低木	アオキ	ウグイスカグラ、コゴメウツギ、キブシ、ミツバツツジ、ヤマツツジ、ヤマハギ、ヤマブキ
地被	エビネ、クマザサ、コグマザサ、キチジョウソウ、シュンラン、ヤブコウシ、ヤブラン	ギボウシ、ヤマホトトギス

図 5-54　自然風の庭（代官山 BESS）

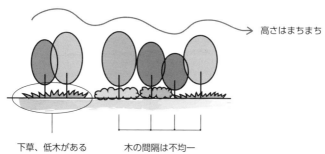

高さはまちまち

下草、低木がある　　　木の間隔は不均一

(a)野趣のある配置

平面

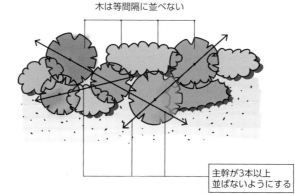

木は等間隔に並べない

主幹が3本以上
並ばないようにする

立面

イヌシデ

ムラサキシキブ

コブシ

コナラ

ガマズミ

ヤマツツジ

ウグイスカグラ

アズマネザサ

コゴメウツギ

(b)雑木林のような配置

図 5-55　自然風の庭の例

5-4 管理方法が決めるデザイン

　ランドスケープは日々成長する植物が主体となり、年々その姿が変わる。その速度はその植物の性質や、気候条件、日照、降水等の気象、土壌の肥沃度、水分含有度、硬度、土の性質の違いにより変化し、虫や病気にかかると成長は阻害される。しかし、日本は植物が成長しやすい環境に恵まれているため一般的に植物の成長が早く、植物を育てるというよりは、植物をどのような形に維持するかが重要で、そのための技術が発達してきた歴史的背景がある。その究極の管理が盆栽だといえる。

　管理をし続けているとはいえ、完成してから二百年以上も経っている庭園は、造られた当初の形は現在見えている景色よりもずっとボリュームの少ないものであると考えてよい。

　常に花を見せるような庭は、きれいに咲かせるために花が終わったら取り除くというように花殻を摘む作業が必要となる。花を見せる庭として有名なイギリスの庭では、まだ花がついている草花を次に咲かせるために潔く植え変えて次々に新鮮な花をみせるようなこともする。植えた当初からしっかりとした緑をみせるためにはかなり植える密度を上げる必要があり、次の年には間引きや剪定を行わないと風通しが悪くなり、病虫害の被害を受けやすい。

　このように管理がデザインを左右することが多く、管理をどのような形にするかでデザインが決まるといっても過言ではない。

5-4-1 管理の内容

　植栽空間の管理は、樹木に関していえば以下に挙げることが主な内容である。

- 空間に対して大きくなりすぎた部分の剪定：年に2回程度
- 乱れた空間をきちっとする剪定：年に2回程度
- 植栽密度が上がりすぎた場合の間引き、枝抜き：年に2回程度
- 病虫害が発生した場合の薬剤散布、除去：春〜秋に不定期

215

- 枯れた植物の植え替え：不定期
- 施肥：年に 2 回程度
- 雑草除去：一年中
- 落葉、落枝、落実の除去：一年中
- 水遣り：一年中

● 剪定

　剪定は、年 2 回程度のものから、毎日行うようなものまであり、これらの頻度が管理費の多少に大きく影響する。剪定等は年 2 回が平均であるが、公共空間の街路樹等は管理費用をおさえるために二年に 1 回にし、一度に大きく剪定してしまうようなこともある。常緑樹は葉が落ちないイメージがあるが、一年中葉を落とす状態であり、毎日あるいは数日ごとに少しずつ清掃する必要がある。落葉樹は秋にすっかり葉を落とすため、その時期の清掃量は通常の数倍にもなる。落ち葉は一般ごみとしてだせる場合と産業ごみとしてださなければならない場合があり、ごみ処理の費用が管理費を圧迫する場合もあるため、剪定の頻度等は重要な検討事項である。

　草本類は宿根草以外は樹木とは違い、半年で植え替えるものが多く、ものによっては苗を植えて三ヵ月程度で植え替えるものもある。チューリップ等の球根草は花や葉が終わったら堀り上げることが必要である。このように草本類の管理は樹木の管理と同じような管理と考えてはいけない。

● 水遣り

　水遣りは渇いていたら行うようにするのが通常で、盛夏のときは朝、夕と一日に 2 回やるが、冬季は一週間に一度程度であまり必要としない。土の状態を見て灌水をするタイミングを決めるのがよいが、大規模な空間に水遣りを行わなければならない場合は、自動灌水システムを採用する。

　灌水システムは、地面にホースを敷設する場合と、適所にスプリンクラーを設置する場合がある。地面にホースを敷設する場合は人の侵入があまりない場所に向いている。

　灌水システムに雨水を利用して環境にやさしい管理を行うこともできるが、

時間の経過とともに貯蔵した水の性質が変質したりする場合もあるため適宜検査が必要である。ポンプ等の機械も点検を行う必要があるので注意すること。

・染み出しタイプ

・染み出しタイプのバリエーション
ドリップ式

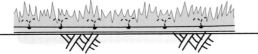

上葉に水が当たらないため、葉がやや乾燥しやすい。
葉の厚いフッキソウ、シャガ等

染み出し式

・スプリンクラータイプ

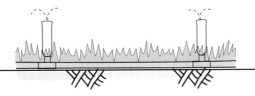

点滴式

葉の上から水をかけるため、葉が乾燥しづらい。ただし、
風の強いところでは散水範囲にむらができる。
葉の薄いシバやササ等

図 5-56　主な灌水システム

5-4-2　管理をできるだけ少なくするデザイン

　公共施設、道路、大きな空間では管理をおさえることが求められる。デザインよりも管理が優先される事項となる場合が多い。以下に述べる項目を確認しながらデザインをしていくとよいだろう。

● 成長の遅い植物でデザインする

　植物の成長が早い日本では、植物をある大きさに維持し続けるためには、剪定を頻繁に行わなければならない。そのため、管理をできるだけ少なくするために、成長の遅いものを入れることがひとつの方法である。一般的に落葉

樹よりも常緑樹のほうが成長が遅く、広葉樹より針葉樹のほうが成長が遅い。常緑針葉樹で構成すれば管理の楽な空間となる。

　ただし、ニオイヒバ類やゴールドクレスト、ヒマラヤスギは土壌が肥沃であると成長が早く大きくなるため、これに該当しない。

表 5-20　成長の遅い代表的な樹木

	高木・中木	低木・地被
成長が遅い樹種	アラカシ、イチイ、イヌツゲ、ウバメガシ、エゴノキ、ソヨゴ、タギョウショウ、ハナミズキ、ヒメユズリハ、モチノキ、モッコク、ヤマグルマ、ヤマゴウシ	キチジョウソウ、サルココッカ、シャガ、シャリンバイ、センリョウ、ハイビャクシン、フッキソウ、ヤブコウジ、ヤブラン

● 病虫害がでにくい植物でデザインする

　病虫害がでにくい植物を入れることも管理が少なくなる。病虫害が発生する原因は、植物がその環境（日照、湿度、風通し、土壌）に合わない、もともとあまり強くない、虫がつきやすい、ということが挙げられる。

　都市部の街路樹で利用されている植物は病虫害がでにくいものがほとんどであり、これらを参考にするとよい。環境に合わない例が外国産のものである。日本に自生するノイバラ、ハマナスは別としてバラ類はその代表的なもので、虫、病気が梅雨時期に発生しやすく、肥料も特別に必要となる。

図 5-57　ウドン粉病のアラカシ

表 5-21　病虫害がでやすい樹木とその症状

	病・虫害	特徴	被害を受けやすい樹木
病害	ウドン粉病	新芽や花にウドン粉がかかったような白い粉がつく。症状が進むと樹木の成長が阻害される	ウメ、ケヤキ、サルスベリ、ハナミズキ、リンゴ、バラ類、マサキ
	重点病	濡れた葉の表面で広がり、葉面が乾くと赤黒い斑点が現れ、のちに黒くなる	柑橘類、バラ類、リンゴ
	すす病	葉や枝、幹などの表面が黒いすす状のもので覆われる。葉が覆われると光合成が妨げられ、樹木の成長が阻害される	ゲッケイジュ、ザクロ、サルスベリ、ツバキ類、ハナミズキ、ヤマモモ
	白絹病	土壌で繁殖する病原菌。植物の地際が白く細かな糸のようなもので覆われ、枯れる	ジンチョウゲ、スギ、マキ、クスノキ、ニセアカシア、ハギ
虫害	アゲハ類の幼虫による食害	葉に産みつけられた卵から羽化した幼虫が葉を食べる。幼虫を刺激すると嫌な臭いを放つ	柑橘類、サンショウ
	アブラムシによる吸汁害	樹種によりアブラムシの種類が異なるが、新梢や新葉の汁を吸う	イロハモミジ、ウメ、バラ類
	アメリカシロヒトリによる食害	ガの一種で年に 2 回発生して葉を食べる。毛虫は人を刺さない	カキノキ、サクラ類、ハナミズキ、姫リンゴ、フジ、プラタナス（スズカケノキ）、モミジバフウ
	カイガラムシによる吸汁害	白い塊が枝や葉に点々とつき、木が弱る。虫の糞ですす病を誘発する	柑橘類、シャリンバイ、ブルーベリー、マサキ
	オオシカシバの幼虫による食害	スズメガの一種で若葉を中心によく食べ、葉がほとんどなくなる	クチナシ、コクチナシ
	コスガシバによる食害	ハチに似たガで、幹の傷等に成虫が産卵。樹皮内側で幼虫が成長し、食害が起き、樹木は枯れる。幹からゼリー状の塊がでて固まっている	ウメ、サクラ類、モモ
	サンゴジュハムシによる食害	甲虫の一種で幼虫・成虫ともに葉を食す。特に幼虫は新葉を穴だらけにする	サンゴジュ
	チャドクガによる食害	年に 2 回発生し葉を食べる。幼虫や抜け殻についている毛に触れると発疹・かぶれが起こる	ツバキ類、サザンカ、チャノキ
	ツゲノメイガによる食害	幼虫が枝先に群れ、糸を張って営巣・食害を起こす	イヌツゲ、クサツゲ、ツゲ、マメツゲ
	ツツジグンバイによる吸汁害	カメムシの一種で葉が白っぽくなり徐々に弱る	サツキツツジ
	ヘリグロテントウミノハムシによる食害	小型の甲虫で葉が穴だらけになり、ひどい個所は葉がほとんどなくなる	キンモクセイ

● 大きくならず自然樹形を活かした植物でデザインする

　日本庭園のなかのマツやマキのように形を仕立てるものは、その形を維持するために特別な技術で管理をしないといけない。植えたままでも形がまとまり大きくならない植物でデザインすると管理があまりかからない。

表 5-22　自然樹形がまとまる小高木

常緑樹	落葉樹
ソヨゴ、ハイノキ、ヤマグルマ	エゴノキ、ツリバナ、ナナカマド、マメザクラ、ヤマボウシ

図 5-58　マメザクラ

図 5-59　ヤマボウシ

5-4-3 完成形の設定

　イギリスの庭では百年後の大きさを意識して大木の苗を植えるような計画をしていたり、大きなゲートを作るツゲを苗木から仕立てたりしていた。一方、日本では緑の空間を作る場合は、工事終了時が庭としての完成形になることを望まれることが多く、そのため大木や仕立てができている樹木を導入するこ

とが多い。

　このように、日々成長する植物は、だんだんと形を変えていくが、完成形が
いつになるかを設定しないと初期に導入する樹木の大きさ、密度、樹種を決
めることができない。植栽工事終了後に観賞できる空間を作るには、樹形が
完成したものを導入し、低木や地被は密度濃く配置していく必要がある。そ
のため、完成した翌年に密になりすぎた部分の間引きや、剪定が必要になる。
工事終了から三年後や五年後を完成形の時期に設定するなら、ややゆったり
とした植栽密度を設定し、工事終了時には完成形の８割程度の樹木の大き
さで設定するとよい。ゆったりと植栽することで、剪定する必要もないことか
ら植栽直後に完成形を作るよりは管理が比較的楽になる。

5-4-4　芝生広場の管理

　芝生広場は、住宅から公共空間までよく見られる広場の形態である。芝生
は初期の工事費用が樹木や花を植える場合に比べて低くおさえることができる
ことから、多く導入されている。ただし、施工後の手入れにより広場のイメー
ジも変わりやすく、どのように管理するかが問題になる。草丈を低くおさえカー
ペットのような緑の空間にするには、成長が早い夏は草丈がすぐに高くなるた
め、芝刈りを頻繁に行う必要があり、雑草の侵入も多いため、雑草抜きの管
理が必要となる。裸地のままでは風が吹いたときに砂や土が周辺に飛び散っ
てしまうために、とりあえず芝生を張っておくという場合は、野原のような芝生
以外の草も混じるラフな仕上げでよければ、年２〜３回程度の苅込みを行い、
草丈を低くして雑草も混ざるままの形で維持する。

　寒冷地に使う西洋芝は草丈が高くなるため、低く草丈をおさえるには芝刈り
の回数が和芝に比べて多くなるが、長くてもよければそれほど頻繁に刈る必
要はない。どのような状態を維持するか、というイメージによって芝を刈る回
数が変わってくる。

表 5-23　コウライシバの管理スケジュール

3 月	霜が立たなくなれば芝を張る
4 月	気温の上昇とともに根が伸びはじめる
5 月	雑草が生えるのもこのころで初期であれば抜きやすいため見つけたら抜く。草丈を低くしたい場合は苅込はじめる
6 月	肥料を撒く。苅込を続ける。エアレーションやサッチを取り除く。梅雨入りとともに病虫害が発生しやすいため注意が必要
7 月	苅込と水遣りを続ける。肥料を撒く
8 月	苅込と水遣りを続ける
9 月	苅込と水遣りを続ける
10 月	苅込中止。水遣りをやや控える
11 ～ 2 月	ひどく乾いたら水遣りをする程度

※エアレーション：芝生に等間隔で 2cm 程度の穴を開けて空気を入れ込む
　サッチ：草刈りをしたあとの草ガラ

図 5-60　クローバーが侵入した芝生の法面

Chapter 6

緑のランドスケープ
デザインの展開

緑のランドスケープの役割は、単に美しい景色をデザインすることや緑地を作ることだけではなくなってきている。

環境を守りより良くしていくための効果、観賞する人等への癒しの効果、そして祭りやイベントのように人と人、街と人をつなげる等、その役割はますます広がってきている。

6-1 環境資源

　緑は環境によい。それは酸素を出すからというのが一般的な見解であろうが、緑のカーテンにはじまる環境設備としての効果も改めて見直されている。海の生き物を育むのは山と森という考えも一般的になってきた。日本の陸のほとんどが緑に覆われており、それを取り除くかたちで人々が暮らしている状態であるから、地球すべての生物の循環に欠かせない緑をもっと取り入れないといけない。

　海外で植林活動をすることも地球環境にとっては重要なことだが、国内で緑を取り戻すことをしていかなければならない。美しい景色を作るランドスケープデザインとともに、日本の環境の元気を取り戻すランドスケープデザインが必要である。

6-1-1 緑の環境効用

● 気温の緩和

　森林等の樹木が多くある場所は、葉の蒸散作用のために、気温が高い夏でも極端な高温化を防ぐことができる。皇居内の緑地が、夏の夜に蒸散作用から冷気を作り都市部ににじみだしていることも報告されている。一方、砂漠のように水も植物もない場所は、日中は超高温になり夜間は冷えて極端に低温になる。しかし、芝生等の草で覆われた部分は日照が強いところでも昼夜を問わず裸足で歩くことができる。このように、植物で覆われた部分は気温を穏やかにする作用があり、暑さ寒さが非常に厳しい季節は重要な環境緩和装置となるため、高温化してしまうアスファルトやコンクリートの部分を減らし植物で覆われる部分を作ることは環境緩和に関して大変有効である。

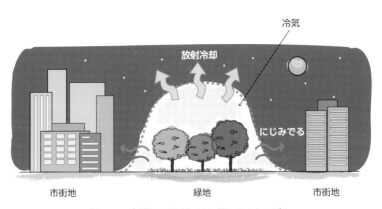

図 6-1　夜間におけるにじみだしのメカニズム

● 日照の調節

　夏期に設置される緑のカーテンに代表されるように、日差しの強い場所に緑を設置すると柔らかく日差しを防ぎ、暑さを軽減できる。日差しの強い歩道でも大きな樹木の緑陰があれば快適な歩行空間となる。その際、緑をとりあえず設置するということではなく、夏期は日差しを防ぎ、冬期は日差しを通すような落葉樹、一年草等の植物で、適切な位置に設置することが重要である。設置方法について、緑のカーテンのようなツル植物を面状に設置する場合は、開口部をしっかり防ぐようにはせずに、風の通りをよくするように壁面からやや離して、かつ雨があたるように設置する。樹木も図 6-2 にあるように建物からやや離して、影が効率よく入る方向を考慮して配置する。

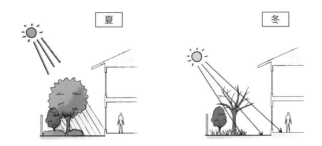

図 6-2　日差しと樹木（落葉樹）の関係

225

● 建築物・工作物の気温上昇をおさえる

　植物は地面や気温の緩和に効果があることから、それを建築物や工作物に設置し、そのものの高温化や極端な冷温化を緩和することができる。

　群馬県や埼玉県で見られるカシグネという生垣は、冬期に北から強く吹く風を防ぐように設置されている。これは寒風が建物を冷やすことを防ぎ、風も防いでいる。富山県の砺波平野ではスギがこの機能を果たす。地域により寒さの度合いが違うため、寒さと風に強い樹種を選び冬期の風の向きにあわせて設置しなければならない。

　屋根や屋上では、表面仕上げがコンクリートの場合、表面温度が 60℃近くにもなる。そのため、その下にある居室は空気が温められ室温が上昇してしまう。建材を厚くし、断熱性能を上げる方法もあるが、コンクリートの上に芝生を設置するだけでも温度は緩和される。セダム等の多肉植物で行う工法もあるが、階下の温度を下げるためには芝生のように気化熱を発しやすい植物にしないと効果はない。草屋根も同じように効果があるが、平坦な屋上に比べ勾配があることから、屋根の高い位置と低い位置で水分保有量が変わってしまうことと、屋根に上がっての管理がしにくいこと等に注意をしなければならない。

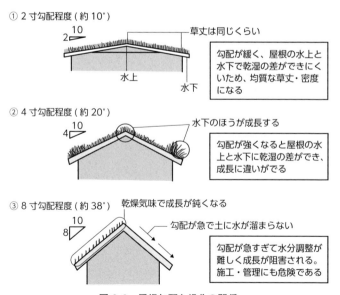

① 2 寸勾配程度 (約 10°)

草丈は同じくらい

水上　水下

勾配が緩く、屋根の水上と水下で乾湿の差ができにくいため、均質な草丈・密度になる

② 4 寸勾配程度 (約 20°)

水下のほうが成長する

勾配が強くなると屋根の水上と水下に乾湿の差ができ、成長に違いがでる

③ 8 寸勾配程度 (約 38°)

乾燥気味で成長が鈍くなる

勾配が急で土に水が溜まらない

勾配が急すぎて水分調整が難しく成長が阻害される。施工・管理にも危険である

図 6-3　屋根勾配と緑化の関係

　南側〜西側にかけての壁面や屋根は夏期に強い日照にさらされるため、室温も上昇しやすい。この部分にツル植物等で壁面緑化を行えば高温化を軽減することができる。冬も葉が残っていれば保温効果もでるため落葉樹に限らず設置してもよい。ただし、開口部がある場合は、暖かい日差しを部屋のなかに入るようにするため、冬期は葉がなくなる落葉樹か一年草で行う必要がある。北側にツル植物で緑化する場合は若干の保温効果はあるが、風に対して強くはないため葉がなくなる可能性があり、環境緩和効果は期待できない。常緑のツル植物の多くは暖地性のもののため、寒い地域での常緑のツル植物の緑化は考えないほうがよい。

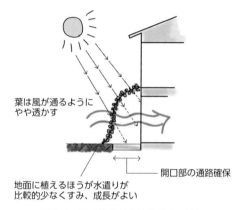

葉は風が通るように
やや透かす

開口部の通路確保

地面に植えるほうが水遣りが
比較的少なくすみ、成長がよい

図 6-4　ツル植物による緑のカーテン

● 樹木の保水力

　植物は光合成を行うために水を必要とする。樹木で覆われた場合、地面に日照が届きにくいところでは土壌はつねに保水され、多少雨が降らなくても、地中深いところで根が水を吸い保っていくことで、地面の保水力が高まる。つまり、樹木が多くあるところは保水性が優れることになり、洪水や山崩れを防ぐといわれている。ただし、スギやヒノキ等の針葉樹で構成された植林地は、それらの針葉樹の根が横に広がらずに、下へ伸び、かつ林の下の部分（林床）は根が浅いシダ程度の下草しかないため、根が表層部に張り巡らされることがなく大雨が降った場合に山崩れが起きやすい。森が保水している水は光合

成により大気に返してしまう部分と、徐々に地下に流れ込み地下水になり、川になり、海になるというようにゆっくりと水を海へと返していくものがある。海に流れ込むその水は、たっぷりと森の栄養分を含んでいることから海の生物を潤し豊かな海の資源を作る。このような水の循環に植物が深く関わっている。

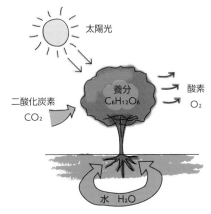

図 6-5　光合成

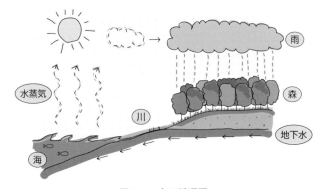

図 6-6　水の循環図

● **防風効果**

　北風を防ぐためのカシグネという生垣のように、防風を植物で行うことが昔から行われてきた。風が常に吹く場所の典型的なのが海辺である。海辺の植

栽方法については4章で述べた。風に強いのは一般的にはクロマツに代表されるように常緑針葉樹である。本州南部から九州にかけての海辺では、防風林としてほとんどクロマツが使われている。ただし、ここ数十年はマツを枯らすマツノザイセンチュウという害虫が南から侵入しそれが広く北上し、松林の消滅の原因となっているため、マツで防風林を作る場合には注意が必要である。防風効果をだすためには葉密度を上げる必要があるが、クロマツは葉密度がやや粗になるため何本も重なるように幅をもたせないと防風効果は見込めない。同じ針葉樹でもイヌマキやカイズカイブキは比較的葉密度が高くなるため1列に植える生垣でも効果がある。寒い山風を防ぐには、寒さに強いスギがよいが、花粉症の問題から使われることが少なくなった。

図 6-7　海岸線のクロマツ林

　常緑広葉樹で比較的寒さに耐えるものがシラカシで、群馬県や埼玉県でよく使われている。

　超高層が立ち並ぶとビル風が起こる。それを緩和するために風のシミュレーションを行い、結果として風をとめる場所には常緑広葉樹を適宜配置する。その場合に利用されるのがクスノキ、シラカシである。高さ10m前後のもので容易に手に入るものがクスノキ、シラカシに限られるためによく植栽される。常時吹くビル風に対してはある程度の効果があるが、台風等の強風が吹いた場合は葉がなくなることもあり、効果を持続させることは難しい。また、強い風が常に吹くような場所はクスノキ、シラカシ等の常緑広葉樹は葉がなくなりやすい。単木ではなく群で植えて緑のかたまりをつくるようにしたほうがよい。

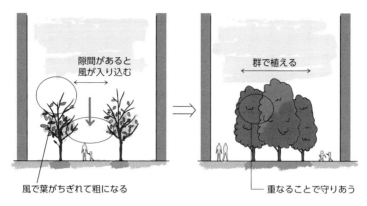

図 6-8　単木より群で植える

6-1-2　地域の生態保全と復元

　都市部はここ 30 年で確実に平均気温が上がっていることから、日本には元々生息しない、30 年前では成長することができなかった熱帯性の植物や生物が観察されるようになった。気温が上がっただけではなく、日本と外国が空や海を介して、容易にかつ短時間につながったため、外国の生物が生きている状態、発芽できる状態で侵入するようになったことも関係している。ますます国内の環境を維持することが難しくなっていくなかで、環境を作る側がそれらを十分配慮することが重要である。外来種の多くが国産のものに比べ非常に強健な性質をもっていることから、少ないうちに取り除く必要がある。

表 6-1　取り除くことが望まれる外来種

魚類	オオクチバス、コクチバス、ソウギョ、ブルーギル
動物	ジャワマングース、アライグマ、タイワンリス、ハクビシン
植物	オオキンケイギク、オオハンゴンソウ、ホテイアオイ

　数十年前までは、自然の復元等、なくなった動植物を戻すために、どこかで購入したものをただ単に入れるということを行ってきたが、同じ種類であってもその地域のもので戻す形をとらなければ地域の生態保存にはならなくなることから、植物の入手、育成に関しても国や都道府県等で細かい指示がでる

ようになっている。場合によっては、残された植物の種を採取し、それを育てて植えるというプロジェクトもある。本来の自然に戻すにはきちんとしたルールができつつあるので注意して計画、施工する必要がある。

図 6-9　ドングリから森を再生
（コスモエネルギーホールディングス株式会社ホームページから）

　水は高いところから低いところに流れていく。当たり前のことだが、細かいことに目を奪われていると忘れてしまっていることが多い。自然を残すためにその場所だけをみるのではなく、その周辺と水、風の流れをしっかりとおさえて計画しなければならない。上流で水を汚染することが行われていれば、下流で自然を守っても無駄になる。広域の自然の循環を考えて進めることが重要である。

　図 6-10 は北海道の釧路湿原の湿原再生プロジェクトの範囲図で、湿原に流れ込む流域を表している。環境庁ではそれぞれの地域で湿原を整備する事業を進めている。

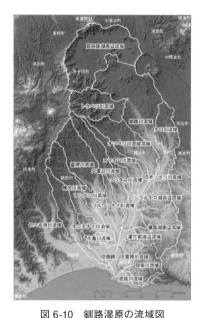

図 6-10　釧路湿原の流域図
（環境庁ホームページより）
(http://kushiro.env.gr.jp/saisei1/modules/xfsection/article.php?articleid=74)

6-2　コミュニケーションのための
緑のランドスケープ

　街では、市民がプランターに花を植え並べることや、花壇を作ることが多く見られるようになってきた。これらは自治体が行うのではなく、街に住んだり働いたりしている人々によって行われていることが多い。市民が参加する街のイベントとしては、年に一度程度のお祭り等のイベントや、定期的に行われる清掃作業等が今まではみられたが、子供から大人まで参加する行事として花植えや花壇や街路樹、公園等の花の手入活動が行われている。その理由としては、自治体主体の公共空間の整備から市民のニーズに合わせた公共空間の整備にしていきたいという考えと、整備費と管理をおさえたいという考えがあ

り、市民が簡単に参加しやすく、誰もが嫌な思いをしない魅力的な空間を作りやすいからである。参加し作業をしていくなかで、あまり知り合いでなかった市民どうしが交流し、地域との結びつきが生まれることも多くみられる。このような効果があるため、自治体、町内会では緑に関する活動が増えようとしている。

図 6-11　ワテラスガーデニングクラブの花壇整備活動 (神田淡路町)

6-2-1 　自治体の緑化による街おこし

1990 年代に起こったガーデニングブームと 1983 年から行われている全国都市緑化フェアで、全国に庭園や花の緑地が作られた。

全国都市緑化フェアとは「国民ひとり一人が緑の大切さを認識するとともに、緑を守り、愉しめる知識を深め、緑がもたらす快適で豊かな暮らしがある街づくりを進めるための普及啓発事業として、昭和 58 年 (1983 年) から毎年、全国各地で開催されている花と緑の祭典です」(公益財団法人都市緑化機構ホームページより) というもので、緑の国体といわれ、毎年かわるがわる日本国内の一つの都市で行われており、近年では 2017 年春に行われた「第 33 回全国都市緑化フェアよこはま」が好評で、「ガーデンネックレス横浜 2021」として 2021 年にも行われている。しかし，横浜は特別で、このような催事を続けるには財政とエネルギーを必要とすることから、緑化フェアは好評に終わっ

てもその規模で花の空間が維持され，ずっとフェアが続くことはあまりない。とはいえ、市民の熱が残っていることもたびたびあることから、緑化フェアに携わった市民が集まってガーデンクラブを作って公共の場の花壇づくりなどを行っていることに昇華した場合もよくあるので、ガーデンフェアが街を花や緑で魅力的にするきっかけになることを実証している。

図 6-12　松本平広域公園信州スカイパーク花守り会のホームページ

　千葉県柏市では、「カシニワ制度」というものを設け、緑地や空地を手入れできずに困っている地主と花や緑地や広場を手入れしたい人々を結びつけ、整備に補助費等をつけて地域の緑地と良好な景色づくり、地域の人々との結びつきを応援している。また、緑地整備をする市民を養成するしくみとして、平成 18 年より里山ボランティア講座を開催し、講座を受講した市民が緑地の整備に参加している。

図 6-13　柏市カシニワ制度のホームページ

6-2-2　園芸による療法

　園芸療法とは、日本では 1990 年代から紹介され、心や身体に障害のある人に対してのリハビリテーションとして、花を植えて育てる等の園芸活動を手段として利用するものである。海外では 1950 年代からはじめられた。日本では、資格として園芸療法士、上級園芸療法士の二つがある。規定の園芸療法の科目を受講し、資格保持者の実習指導を規定時間受けたうえで資格試験を受験できる。淡路景観園芸学校は指定校となっている。園芸療法関連分野の知識のほかに医学、社会福祉学、心理学等の知識も必要なため、デザインとはまた違う領域となっている。取り入れられている場所は、病院、養護施設、介護施設等であり、緑が主体ではなく世話をする側が主体であり、障害者との交流も植物、緑によってつながる可能性があることを示唆している。

● レイズドベッド

　高床式の花壇のことで、車いすに対応できるように花壇を地上から机くらいの高さ（80cm）になるように作る。車いすの入る空間を作るのが特徴。目の不自由な人でも植物に触れやすくなる。

235

6-3 景観まちづくりと観光

　日本人は水と空気はタダで手に入るものと思っているといわれているが、緑も同様の扱いではないだろうか。都市化で緑地は減り、住宅の庭はほとんどが駐車スペースになってしまった。しかし、みなれた緑や庭が世界でも類をみない特徴と魅力をもっていることに気づき、保全、活用をすることは今後重要になってくる。

　国土交通省は景観まちづくりの一環として、2019 年 9 月にガーデンツーリズムを推進することを宣言した。

> 　日本には、日本庭園や花の公園など、地域ならではの特徴を持つ多様な庭園が存在し、観光客に人気を博していますが、その魅力を十分に伝え切れていない「隠れた庭園・花の名園」も数多くあります。
>
> 　国土交通省は、地域の活性化と庭園文化の普及を図るため、各地域の複数の庭園の連携により、魅力的な体験や交流を創出する取組をガーデンツーリズムとして推進していきます。
>
> （国土交通省ホームページより）

　このことは、街の庭や緑を整備して行くことが、日本全体の魅力アップにつながることを示唆している。

図 6-14　ガーデンツーリズムに登録された「にいがた庭園街道」の旧齋藤家別邸

索 引

〈著者略歴〉

山﨑 誠子（やまざき　まさこ）

ランドスケープデザイナー、一級建築士
市川市景観審議委員、港区景観審議委員
千葉市景観審議委員、立川市景観審議委員
1984 年　武蔵工業大学（現：東京都市大学）工学部建築学科卒業
1984 年　東京農業大学造園学科、聴講生として在籍
1986 年　株式会社 花匠勤務
1990 〜 2007 年　東京デザイナー学院非常勤講師
1992 年　有限会社 GA ヤマザキ設立
1998 〜 2007 年　武蔵工業大学工学部非常勤講師
2007 〜 2013 年　日本大学理工学部助教
2013 〜現在　日本大学短期大学部准教授
〈主なランドスケープ作品〉
京王フローラルガーデンアンジェ、熊本駅東口広場
濟寧市美術館、千葉市打瀬小学校、豊田学園ゆたか幼稚園
ヤオコー川越美術館、横須賀美術館、ワテラス
〈主な著作〉
『山﨑流自然から学ぶ庭づくり！』（明治書院）
『新・緑のデザイン図鑑』（エクスナレッジ）
『植栽大図鑑』（エクスナレッジ）
『世界で一番やさしい住宅用植栽』（エクスナレッジ）

緑のランドスケープデザイン（改訂2版）
－正しい植栽計画に基づく景観設計－

2013 年 2 月 25 日　　　第 1 版第 1 刷発行
2021 年 8 月 20 日　　　改訂 2 版第 1 刷発行

著　　者　山﨑誠子
発 行 者　村 上 和 夫
発 行 所　株式会社 オーム社
　　　　　郵便番号　101-8460
　　　　　東京都千代田区神田錦町 3-1
　　　　　電話　03(3233)0641(代表)
　　　　　URL　https://www.ohmsha.co.jp/

© 山﨑誠子 2021

印刷・製本　平河工業社
ISBN978-4-274-22745-5　Printed in Japan

本書の感想募集　https://www.ohmsha.co.jp/kansou/

本書をお読みになった感想を上記サイトまでお寄せください．
お寄せいただいた方には，抽選でプレゼントを差し上げます．